U0226373

加权主成分距离聚类分析方法的
设计及应用

吕岩威　著

经济管理出版社

ECONOMY & MANAGEMENT PUBLISHING HOUSE

图书在版编目（CIP）数据

加权主成分距离聚类分析方法的设计及应用/吕岩威著．—北京：经济管理出版社，2023.7

ISBN 978-7-5096-9179-3

Ⅰ.①加… Ⅱ.①吕… Ⅲ.①加权平均值—聚类分析法 Ⅳ.①O212.7

中国国家版本馆 CIP 数据核字（2023）第 158680 号

组稿编辑：陈艺莹
责任编辑：郭丽娟　陈艺莹
责任印制：黄章平
责任校对：蔡晓臻

出版发行：经济管理出版社
　　　　　（北京市海淀区北蜂窝 8 号中雅大厦 A 座 11 层　100038）
网　　址：www. E-mp. com. cn
电　　话：（010）51915602
印　　刷：北京金康利印刷有限公司
经　　销：新华书店
开　　本：720mm×1000mm/16
印　　张：9.75
字　　数：120 千字
版　　次：2023 年 7 月第 1 版　　2023 年 7 月第 1 次印刷
书　　号：ISBN 978-7-5096-9179-3
定　　价：78.00 元

前　言

　　近年来，随着信息技术的快速发展与数据量的爆炸式增长，各种新思想、新技术不断涌现。在规模庞大、复杂难辨的数据海洋中，如何有效地挖掘数据与数据之间的关系、清晰地展示系统的内在结构和规律，成为数据挖掘领域研究的热点问题。聚类分析作为数据挖掘领域的常用方法之一和重要的组成部分，近年来正得到蓬勃发展，一系列聚类分析方法的产生为我们进行科学分类提供了坚实的基础，同时也使得其应用逐渐扩展到各个领域。聚类分析是通过数学方法研究样品数据在内在特征上的相似性与差异性，将样品划分成若干个不同的类型，从而发现样品数据分布规律和数据属性之间相互关系的多元统计方法。作为一种无监督学习的分类方法，数据集中的数据没有预定类别标号，在实践应用场景中需要把没有预定类别的样品数据划分成几个合理的类别。因此，在没有任何先验信息的情况下，如何实现高效率、高质量的分类是一个重要的研究课题。

　　本书聚焦于聚类分析方法中最常用的系统聚类分析方法展开研究，在对系统聚类分析方法的理论基础进行详细阐述的基础上，首先探讨了传统的系统聚类分析方法和已有主成分聚类分析方法的局限性，进而重构了分类定义中的距离概念，通过定义自适应赋权的主成分距离为分类统计量，提出一种新的、改进的主成分聚类分析方法——加权主成分距离聚类分析方法，并分别从数学推理、仿真模拟和实践应用层面论证了加权主成分距离聚类分析方法的有效性。研究发现：相较于传统的系统聚类分析方法、已有主成分聚类分析方法，本书所提出的加权主成分距离聚类分析方法在主成分因子代表性较好的情景下是科学合理的，而在主成分因子代表性不足的情景下则会失效。

本书是在我的博士后出站研究报告的基础上修改完成的。在它即将出版之际，首先感谢我的博士后合作导师、中国社会科学院数量经济与技术经济研究所李平研究员在科研道路上对我的引领和对我的栽培。感谢中国社会科学院数量经济与技术经济研究所 汪同三 学部委员、王宏伟研究员、李金华研究员和山东大学商学院白锐锋教授等老师在我从事博士后研究工作期间对我的指点和帮助。在本书的撰写、修改过程中，我本着严谨的态度，力求做到研究的科学性和客观性。尽管我已尽了个人最大努力，但囿于水平有限，书中肯定还有不够成熟的地方和需要深入研究的问题，恳请读者提出宝贵意见。

本书的部分章节内容已刊发在《统计研究》《统计与决策》等国内权威、核心学术期刊上，并获得了首届全国数量经济技术经济研究博士后论坛优秀成果奖、山东省第三十二届社会科学优秀成果奖三等奖、首届《统计研究》优秀论文二等奖、第二十二次威海市社会科学优秀成果奖二等奖等奖项，这些期刊的编辑和评审专家为完善本书提出了许多宝贵意见，保证了本书的出版质量。本书的出版还得到了经济管理出版社的大力支持和帮助，在此一并致谢。特别感谢我的妻子和女儿，科研写作占用了我大量

的时间和精力，感谢妻子对我工作的支持和对家庭的付出，感谢女儿成长
道路上给我带来的欢乐与惊喜。

吕岩威

2023 年 1 月于威海

目　录

第一章　绪　论

第一节 研究背景

分类学是人类认识世界的基础科学。在古老的分类学中,人们主要依靠经验和专业知识进行分类,很少应用到数学工具进行定量的分类。随着人类社会的发展与科学技术的进步,人们对于世界的认识也在不断地加深,对分类精度的要求越来越高,以至于有时只凭经验和专业知识还不能进行确切的科学分类,而往往需要采用定性分析和定量分析相结合的手段,于是数学这一有力工具便被引进到分类学之中,形成了数值分类学。后来,随着多元统计分析技术的应用和发展,聚类分析方法又逐渐从数值分类学中分离出来,从而形成了一个专门研究聚类分析技术的相对独立的分支[1]。目前,聚类分析方法已广泛应用到考古学、地质学、生物学、地理学、经济管理学、社会统计学等领域。例如,在考古学领域,可以采用聚类分析方法对一些古生物化石进行科学分类;在地质学领域,可以采用聚类分析方法对一些岩石标本进行科学分类;在生物学领域,可以采用聚类分析方法根据生物的综合特征进行科学分类;在地理学领域,可以采用聚类分析方法对各地理实体与区域进行科学分类;在经济管理和社会统计学领域中更是存在着大量的需要分类的问题[2]。总之,在实践中需要分类的问题很多。因此,聚类分析方法越来越受到人们的重视,在众多领域都得到了广泛的应用。

近年来，随着信息技术的快速发展，数据量呈现爆炸式增长，如何处理这些海量数据成为当前技术领域的热点问题。在大数据时代，不同的数据源产生海量的非结构化数据，大规模的数据量和复杂的数据种类也面临着处理难的问题，传统的数据处理方法已经无法满足大数据时代的需求。在这种背景下，大数据技术应运而生。作为数据挖掘领域的常用方法之一，聚类算法的改进和优化也成为近年来学术界研究的热点。因此，大数据时代下，如何实现高效率、高质量的分类是一个十分重要的研究课题。

第二节　文献综述

系统聚类分析方法是目前最常用的聚类分析方法，然而指标之间的高度相关性及其重要性差异导致已有的系统聚类分析方法往往无法获得良好的分类效果。传统的系统聚类分析方法多是基于样品之间距离的亲疏关系进行分类，其算法要求样品指标的重要性相同并且彼此相互独立，然而对于复杂难辨的海量数据，样品指标的重要性往往相差悬殊，且指标之间不可避免地存在相关性，因此传统的系统聚类分析方法在实际应用中面临诸多局限。于是众多学者开始关注于对传统的系统聚类分析方法的改进研究。

刘瑞元（2002）考虑到聚类分析中指标之间重要性的差异，定义了加权欧几里得距离并讨论了它的性质，然后应用加权欧几里得距离对 2000 年奥运金牌榜国家前 10 名进行了加权聚类分析，分析结果表明用加权欧几里得距离对奥运金牌榜国家进行聚类分析是合理的[3]。

李凡修等（2004）建立了利用加权欧几里得距离法进行水环境质量污

染评价模型，并研究四个测点的水环境质量污染状况，和其他方法比较，取得了满意的结果，为水环境质量污染评价提供了一种有效的评价方法[4]。

董旭和魏振军（2005）提出了一种在对数据没有任何先验信息的情况下，如何运用加权欧几里得距离有效进行聚类的方法，并结合实例，说明在一定条件下，这种加权欧几里得距离聚类方法能显著提高聚类质量。因此，在进行聚类时合理地运用加权欧几里得距离，可以反映出各变量在数据中的不同作用，对改进聚类结果能起到较好的效果[5]。

李洁等（2006）针对在聚类分析中模糊 K-均值、K-mode 以及 K-原型算法都假定待分析样本的各维特征对分类的贡献相同的问题，为了解决样本矢量中各维特征对模式分类的不同影响，提出一种基于特征加权的模糊聚类新算法，通过 ReliefF 算法对特征进行加权选择，不仅能够将模糊 K-均值、K-mode 以及 K-原型算法合而为一，同时使样本的分类效果更好，而且还可以分析各维特征对分类的贡献程度。对各种实际数据集的测试实验结果均显示出新算法的优良性能[6]。

宋宇辰等（2007）针对传统的欧几里得距离计算相似度的不足，提出了一种在领域知识未知的情况下基于加权欧几里得距离的计算方法，并对此进行了分析与研究。实验证明，该方法不仅在一定程度上克服了加权欧几里得距离的缺陷，而且能够提高聚类质量，优化聚类性能[7]。

黄鹏飞和张道强（2008）提出了一种用于聚类分析的加权聚类算法，通过利用拉普拉斯权，将聚类对象之间的结构信息自动转换为对象的权重。由于拉普拉斯权能够描述数据的邻域结构，从而能够更好地聚类。该加权聚类算法在性能上比经典聚类算法有较大改进，还具有对孤立点鲁棒、适合类别不平衡数据聚类、对聚类个数不敏感等优点。人工数据集以及 UCI 标准数据集上的实验证实了该算法的可行性和有效性[8]。

田慧等（2008）指出在聚类分析过程中，属性特征在聚类过程中并不是同等重要的，有些特征甚至是冗余的，如果特征选取不适当，会使很多分类方法的效果变差。因此提出了一种基于粗糙集相似模型的加权聚类方法，首先基于粗糙集相似模型考察每个对象的相似集，形成初始等价类；其次对等价类进行削减，使每个对象唯一地属于一个等价类；再次以形成的等价类为目标概念，对原始信息系统进行扩展，将原始信息系统扩展为决策系统，利用信息熵来评价属性的重要度；最后以属性的重要度为权值对每个属性进行加权，重新考察对象的相似关系，对对象重新聚类。试验结果证明，该算法可以达到比传统算法更优的分类结果[9]。

阳琳赟等（2009）提出了一种基于属性重要性的加权聚类融合方法，该方法由粗糙集理论中的属性重要性度量来衡量聚类成员对融合的重要性，并据此对其赋予权重，生成加权共生矩阵，进而得到融合结果。实验结果表明，该方法能较好地处理聚类成员间的质量差异，并能有效地削减噪声对融合的影响，从而得到更好的聚类融合结果。该方法选用的融合算法均是基于共生矩阵的，但只要能合理定义聚类成员的加权方式，便可以扩展到其他融合算法[10]。

张庆庆等（2010）在加权欧几里得距离模型的基础上进行改进，针对不同的待评价单元和不同污染性质的污染物，根据污染因子的污染贡献率计算其权重，结合权重计算出每个待评价单元以及水质标准中其他各级水质与"原点"的变权欧几里得距离，并将后者作为划分每个待评价单元水质级别的标准，从而建立了适合水质综合评价的变权欧几里得距离模型。用该模型对 1996~2006 年钱塘江支流东阳江许村断面水质监测数据进行了综合评价，并与灰色聚类法和模糊综合指数法的评价结果进行比较，评价结果与水质实际情况符合较好，验证了变权欧几里得距离模型应用于水质综合评价的科学性和合理性[11]。

邹杰涛等（2011）基于气象观测的特点，结合经纬度信息，提出了一种基于权重的欧几里得距离度量方式，在此基础上，结合传统的 BIRCH 层次聚类的多阶段聚类算法思想和基于划分的 K-means 聚类算法思想，提出了一种基于加权相似性的 BIRCH 聚类分析方法，并将该方法应用在时间序列的气象数据分析中。研究结果表明，相较于传统的聚类分析方法，该方法考虑了地域信息对降水量数据的影响，从而使聚类结果更加合理[12]。

刘强等（2011）针对模糊聚类算法受离群点影响较大，并且没有考虑样本数据中各维特征对聚类贡献程度的不同，提出了基于两种加权方式的聚类算法，该算法定义了一种新的样本加权的概念，减弱了离群点对聚类的干扰，同时通过引入 Relief 算法为样本数据的每一维特征赋予一个权值，弥补了特征加权对噪声敏感的不足，使聚类更加准确。仿真实验结果表明新提出的算法比以往的算法更加精确，对噪声起到了很好的抑制作用，同时加快了聚类的收敛速度，从而验证了该算法的有效性[13]。

孙晓博和廖桂平（2011）针对现有的聚类算法中相似度量的缺陷，以符号属性数据为研究对象，提出了一种新的相似性度量方法。在此基础上，将粗糙集理论中的区分能力引入到聚类算法中，用来度量属性的重要性，进而提出了一种能够处理符号型数据的新的加权粗糙聚类算法。通过对 UCI 数据的仿真实验表明，新算法能够很好地处理符号型数据，对数据输入顺序不敏感，且不需要预先给定类的数目，提高了算法的聚类正确率[14]。

刘兵等（2012）认为可能性模糊聚类算法解决了噪声敏感和一致性聚类问题，但算法假定每个待分析样本对聚类的贡献相同，导致离群点或噪声点对算法的干扰较强，算法迭代次数过大。为此，提出一种基于样本加权的可能性模糊聚类算法，新算法具有更快的收敛速度，对标准数据集和人工数据集加噪后的测试结果表明，该算法具有更强的鲁棒性，在有效降低时间复杂度的同时能够取得较好的聚类准确率[15]。

陈黎飞和郭躬德（2013）提出一种非模的类属型数据统计聚类方法。首先，基于新定义的相异度度量，推导了属性加权的类属数据聚类目标函数。该函数以对象与簇之间的平均距离为基础，从而避免了现有方法以模为中心导致的问题。其次，定义了一种类属型数据的软子空间聚类算法。该算法在聚类过程中根据属性取值的总体分布，而不仅限于属性的模，赋予每个属性衡量其与簇类相关程度的权重，实现自动的特征选择。在合成数据和实际应用数据集上的实验结果表明，与现有的基于模的聚类算法和基于蒙特卡罗优化的其他非模算法相比，该算法有效地提高了聚类结果的质量[16]。

黄卫春等（2014）针对可能性聚类算法虽然解决了噪声敏感和一致性聚类问题，但算法假定每个样本对聚类的贡献程度一样，提出了一种基于样本—特征加权的可能性模糊核聚类算法，将可能性聚类应用到模糊聚类中以提高其对噪声或例外点的抗干扰能力；同时，根据不同类的具体特性动态计算样本各个属性特征对不同类别的重要性权值及各个样本对聚类的重要性权值，并优化选取核参数，不断修正核函数把原始空间中非线性可分的数据集映射到高维空间中的可分数据集。实验结果表明，基于样本—特征加权模糊聚类算法能够减少噪声数据和例外点的影响，比传统的聚类算法具有更好的聚类准确率[17]。

张立军和张潇（2015）认为常规的聚类算法未考虑各指标的重要性差异，也未对不同方向的指标（正指标与逆指标）进行区分和处理，这种处理方式影响了聚类分析的准确性。因此，其提出了一种基于改进的 CRITIC 法的加权聚类算法，即该方法首先对原始指标数据进行无量纲化和正向化处理，然后运用 CRITIC 法计算出各指标的权重，形成加权距离矩阵，在此基础上对研究对象（样品）进行加权聚类分析。实证分析结果表明，考虑指标权重与指标方向的改进后的加权聚类分析方法提高了聚类的准确性，使其聚类结果更符合实际情形[18]。

谭飞刚等（2015）针对传统欧几里得距离在特征相似性度量中存在区分能力弱的缺陷，提出了基于加权欧几里得距离度量的目标再识别算法。首先针对现有目标再识别算法中目标分割易受衣着和背景颜色干扰的缺陷以及忽略人体头部特征的现象，提出了一种简单的比例分割方法。其次提取各部件的多种互补特征来增加其对光照变化等因素的鲁棒性。最后综合各部件的相似性度量结果来判断目标是否匹配。在 VIPeR 和 I-LIDS 数据集上的对比实验结果显示，提出的基于加权欧几里得距离度量的目标再识别算法的准确率优于其他算法[19]。

赵兴旺和梁吉业（2016）为解决高维混合数据聚类中属性加权问题，提出了一种基于信息熵的混合数据属性加权聚类算法，以提升模式发现的效果。步骤主要包括：首先为了更加准确客观地度量对象与类之间的差异性，设计了针对混合数据的扩展欧几里得距离；其次在信息熵框架下利用类内信息熵和类间信息熵给出了聚类结果中类内抱团性及一个类与其余类分离度的统一度量机制；最后基于此给出了一种属性重要性度量方法，进而设计了一种基于信息熵的属性加权混合数据聚类算法。在十个 UCI 数据集上的仿真实验结果表明，提出的算法在四种聚类评价指标下优于传统的属性未加权聚类算法和已有的属性加权聚类算法[20]。

刘思等（2016）运用数据挖掘中的聚类技术对电力系统日负荷曲线进行分析，提出一种基于特性指标降维的日负荷曲线聚类方法——特性指标聚类（Pattern Index Clustering，PIC），通过负荷率、日峰谷差率等六个日负荷特性指标对日负荷曲线进行降维处理，利用基于聚类有效性修正的德尔菲方法配置各指标权重，以加权欧几里得距离作为相似性判据，对日负荷曲线进行聚类，算例结果表明，所提方法运行时间短，鲁棒性好，提高了负荷曲线聚类质量，能直观地反映典型负荷曲线的特点[21]。

朱俚治（2016）采用加权欧几里得距离作为研究的对象，计算了聚类对象的属性偏离概率和估计了聚类对象属性相似度，从聚类对象的相似度和对象属性对应的权重两个方面来考虑聚类成功的概率。即如果某个聚类对象具有若干的属性，那么首先计算该聚类对象属性的相似度，再根据该属性对应的权重是否为关键权重，如果是此属性对应的权重是关键权重，那么该对象聚类的成功率较高[22]。

张立军和彭浩（2017）基于面板数据兼具截面维度和时间维度的特征，对欧几里得距离函数进行了改进，在聚类过程中考虑指标权重与时间权重，提出了适用于面板数据聚类分析的"加权距离函数"以及相应的 Ward. D 聚类方法。首先定义了考虑指标绝对值、邻近时点增长率以及波动变异程度的欧几里得距离函数，其次将指标权重与时间权重通过线性模型集结成综合加权距离，最终实现面板数据的加权聚类过程。实证分析结果显示，考虑指标权重与时间权重的面板数据加权聚类分析方法具有更好的分辨能力，能提高样本聚类的准确性[23]。

万月等（2018）在 Self-Tuning 的基础上提出了基于加权密度的自适应谱聚类算法。传统方法中使用数据点的第 K 近邻来表示尺度参数，该聚类算法考虑了数据的流形分布，且尺度参数取值用数据点到其 K 近邻的加权距离进行优化表示，数据点所处的邻域密度值选用加权尺度参数的倒数，并引入新的密度差来定义相似度矩阵。该聚类算法对噪声点有一定鲁棒性，对尺度参数也不再敏感，同时遵循了同流形或者同类数据点密度接近的原则，从而提高了算法精确度。在若干数据集上的仿真实验以及与已有文献的算法的对比实验表明，该聚类算法具有更好的聚类效果[24]。

Dalatu（2019）引入了基尼平均差（GMD）来代替标准化欧几里得距离中的标准差，并将这一改进的方法称为基尼平均差加权欧几里得距离。研究发现，与现有方法相比，基尼平均差加权欧几里得距离方法表现出良好的性能，在平均外部有效性措施方面达到了近乎最大的点，记录了较低的计算时间，并将样本大小聚集到其先前指定的集群中[25]。

徐胜蓝等（2020）提出一种考虑双尺度相似性的负荷曲线集成谱聚类算法。首先，为了克服欧几里得距离在负荷特性相似程度度量上的局限，基于负荷差分向量的余弦距离实现负荷形态变化的相似性度量，提出一种双尺度相似性度量方式；其次，基于双尺度相似性与谱聚类算法，建立差异化基聚类模型；最后，依据聚类评价指标自适应计算基聚类模型权重，以加权一致性矩阵与谱聚类实现聚类集成。算例结果证明，所提方法可有效挖掘负荷形态特性差异，在不同数据集中性能表现稳定，具有显著的聚类有效性和鲁棒性[26]。

周传华等（2021）提出一种基于聚类欠采样的集成分类算法（Cluster Undersampling-AdaCost，CU-AdaCost）。该算法通过计算样本间维度加权后的欧几里得距离得出各簇的样本中心位置，根据簇心邻域范围选择出信息特征较强的多数类样本，形成新的训练集；并将训练集放在引入代价敏感调整函数的集成算法中，使得模型更加关注于少数类别。通过对六组 UCI 数据集进行对比实验发现，该算法在欠采样过程中抽取的样本具有较强的代表性，能够有效提高模型对少数类别的分类性能[27]。

Bei 等（2021）提出了一种基于灰色关联度的聚类中心选择方法，解决了初始聚类中心选择的敏感性问题，在此基础上结合欧几里得距离、DTW

距离和 SPDTW 距离的优点，提出了一种基于三种距离的加权距离度量方法，然后将其应用于 Fuzzy C-MeDOIDS 和 Fuzzy C-均值混合聚类技术。实验结果表明，采用该研究提出的聚类分析方法，聚类结果的准确性得到了明显提高[28]。

马欣野等（2021）针对传统欧几里得距离未能反映样本数据类间分离程度和类内紧凑程度分布特征的不足，提出了将模糊熵与标准差相结合作为欧几里得距离的加权阈值，并通过选取 Iris 数据进行模糊 C 均值聚类验证。研究发现，不同属性对系统数据的贡献值不同，所以在进行评价分类时需要确定空间权重系数。加权后的模糊 C 均值聚类算法比未加权算法可以更为有效地识别 Iris 数据集重叠部分，具有较强的鲁棒性，并将识别率从 89.33% 提高到 95.33%[29]。

李子宁（2021）以判别分析和聚类分析为例，在理论上证明了对变量加权是否会对结果产生影响，并进行了实证分析。研究发现，是否对变量加权不影响判别分析结果，但影响聚类分析结果。这一结论可以进一步拓展，即凡是以马哈拉诺比斯距离为基础的方法不需要对变量进行加权，而以欧几里得距离为基础的方法如果对变量进行加权可以提高分析结果的准确度[30]。

马宗彪等（2022）利用基于变分模态分解（Variational Mode Decomposition，VMD）和模糊 C 均值聚类算法（Fuzzy C-means，FCM）实现电力负荷的分类研究，针对 FCM 中欧几里得距离的特征权重唯一的问题，利用基于特征加权的模糊聚类方法，提出基于特征加权的 VMD-FCM 聚类算法。研究发现，根据电网实测负荷数据，VMD 算法可对数据的固有模态有效分解，结合 FCM 算法引入的权重系数，显著地提高了算法收敛速度和聚类准确度。对聚类结果分析表明，所提出的 VMD-FCM 聚类方法能够有效区分不同负荷类型，具有实际应用价值[31]。

上述文献提出了各种不同形式的加权聚类分析方法，为系统聚类分析方法的改进提供了启示。然而，这些方法虽然考虑了指标之间重要性的差异，但均忽略了指标之间可能存在高度相关性，从而导致聚类分析结果可能仍会存在偏差。为了解决这一问题，众多学者尝试将主成分分析与聚类分析相结合，采用一般主成分聚类分析方法将样品指标降维成若干个相互独立的主成分因子，进而以主成分因子代替原始指标等权重直接进行聚类。

王宏健和易杜新（1996）指出由于样本内部错综复杂的关系，简单确定重心的方法往往其结果偏离实际较远。因此，利用主成分分析提出了一种新的聚类方法。它通过主成分分析简化样本数据，将原样品转化成单指标有序样品，然后利用有序样品的系统聚类法加以分类，并通过实例对算法进行说明。这种聚类方法具有计算量小和节省计算机内存等特点，经实践证明是可行的[32]。

武洁和陈忠琏（1998）利用国家统计局人口变动情况抽样调查数据，运用主成分和聚类分析方法，揭示了1997年我国各省份的人口素质差异。首先通过人口素质指标体系确立人口素质的综合指标，在此基础上来评价各地的人口素质状况，并按其素质的高低将全国各省份的人口素质状况分为四大类，同时，对各省份人口素质存在差异的原因进行了归纳和总结[33]。

金学良和乔家君（1999）结合中国实际，论述了多元统计中主成分分析法、聚类分析法在人口区划中的运用。首先确立指标体系，其次用主成分分析法对原始指标数据进行了筛选，再次用聚类分析得出人口区划方案，最后就中国八大人口区进行了概述，为中国有计划、有重点地分区制定人口政策提供科学依据。研究结果表明，主成分分析在确定人口区域划分的参评因素时是一项定量选择的尝试，聚类分析则是根据各区域人口的相似性、亲疏程度来划分人口区，因而两者都是定量分析方法，其结果与专家经验评估极为接近，是可行的科学方法[34]。

贺满林等（2003）根据 2000 年第五次全国人口普查资料，首先选用了 11 个人口、国民经济和社会发展指标组成人口现代化指标体系。其次通过 SPSS 统计分析软件进行主成分分析，选取三个主成分因子，分别用以反映各省区市人口现代化发展水平在人口结构与生活质量、生育模式、人口素质三个方面的差异。最后通过聚类分析，将全国各省区市人口现代化水平分为四种类型，并分析了四种类型各自的特征与差别及在空间上的区域差异[35]。

王晓龙等（2005）以西安市为例，采用主成分分析法、聚类分析法，将西安市九区四县观光农业发展在空间上分为四带两区，以探讨观光农业空间分区的方法。即首先构建出西安市观光农业分区指标体系，其次提取出两个主成分因子，分别是区位条件及资源条件因子和旅游业基础因子，最后对 200 个乡镇及街道办事处进行聚类分析，将其分成六种类型：近效街道办型、河谷型、沿山型、山区型、台塬丘陵型以及平原型[36]。

周立和吴玉鸣（2006）基于《中国区域创新能力报告》中的数据，采用因素分析与聚类分析相结合的综合集成评估方法，对我国各省级区域的创新能力进行了定量评估及比较，同时探讨了因素分析法对加权综合评价方法的替代技术。结果显示，中国省域创新能力的地区差异比较明显，用因素分析法替代现有的区域创新能力综合评价是可行的，必须分集团而非整齐划一地制定和实施增强区域自主创新能力的对策建议[37]。

孙锐和石金涛（2006）以 2004 年我国区域创新能力为研究对象，按照评价区域创新能力的指标框架，应用多元统计的因子分析和聚类分析方法，对中国各区域创新能力作了一个较完整的评价。通过因子分析得出了区域创新能力的三个因子：基础因子、显性因子和产出因子，以因子得分为依据，使用分层聚类 Ward 法将中国区域创新能力以省一级为单位划分为五个层次，并进行了比较分析。聚类结果有助于对区域创新能力做出综合判断[38]。

童新安和许超（2008）针对传统主成分在处理非线性问题上的不足，阐述了传统方法在数据无量纲化中"中心标准化"的缺点和处理"线性"数据时的缺陷，给出了数据无量纲化和处理"非线性"数据时的改进方法，并建立了一种基于"对数中心化"的非线性主成分分析和聚类分析的新的综合评价方法。实验表明，该方法能有效地处理非线性数据[39]。

王庆丰等（2009）建立县域经济发展评价指标体系，以河南省 18 个县（市）作为样本，运用因子分析方法进行实证分析，提取出综合经济实力因子、农业发展实力因子、生活质量因子、投资因子和第三产业发展因子五个主因子，并基于主因子得分矩阵对 18 个县（市）进行聚类分析，结果表明，反映经济发展整体水平和工业生产规模的综合经济实力因子处于主导地位，同时农业发展实力因子的作用也不可忽视。结论认为利用因子分析和聚类分析相结合的方法研究县域经济，所得结论客观、可信，能够较好地反映影响县域经济发展的主要因素[40]。

赵晶等（2010）以企业生产力异质性分析方法、不完全合同分析方法以及新经济地理学分析方法为基础确立理论假说，建立指标体系，并且采用主成分分析方法对以北京等 12 个城市为代表的中国服务外包基地城市的综合与分项竞争优势进行了定量评估，采用聚类分析法中的层次分类法对上述 12 个城市的类型进行定量研究，从而在单个城市竞争优势分析的基础上对 12 个城市的集体类型进行研究，确认了中国服务外包基地城市综合竞争优势的梯度分布状态，以及由分项竞争优势所显示的绝对与相对优势的错位分布特征[41]。

刘倩（2011）构造了我国中小企业成长性评价模型，并以首批 28 家创业板上市企业作为样本，首先建立中小企业成长性评价指标体系，其次分别利用主成分分析和聚类分析对首批 28 家企业板上市公司成长性进行实证研究。结果发现，主成分聚类分析可以有效解决我国企业财务数据高维性和多重共线性的特点，使研究结果更具说服力[42]。

周晓唯和杨露（2012）采用主成分分析的方法，通过对物联网产业发展影响因素的分析，选取具有代表性的全国八个省份，从产业发展潜力层面进行了物联网产业发展能力的排序及综合评价研究，并利用聚类分析的方法将选取的目标省份按照物联网产业发展潜力分为三类。通过分析，论证了物联网产业发展的现时情况及趋势，对物联网产业的发展规划，以及如何带动发展欠发达的省份提供必要的理论依据和参考[43]。

张洪和王先凤（2013）在现有的旅游目的地竞争力评价指标体系的基础上，建立一套完整的可量化的包含 25 个指标的旅游目的地竞争力评价指标体系库，并基于 2012 年安徽统计年鉴的数据，采用主成分和聚类分析相结合的集成分析方法对安徽省 16 个地市的旅游目的地竞争力进行排序和聚类。结果显示，安徽省旅游目的地竞争力呈现出南强北弱的分布格局。在此基础上将安徽省 16 个地市分为四种类型：竞争力强大型城市、竞争力较强型城市、竞争力一般型城市和竞争力较弱型城市，并根据各类型的城市提出相应的旅游发展策略[44]。

王欣昱（2013）构建了低碳旅游景区评价指标，并将多元统计分析中的主成分分析和模糊聚类分析相结合，利用主成分分析对评价指标进行降维处理，并通过对主成分进行模糊聚类将待评价低碳旅游景区进行分类，最后实例分析了该方法的可行性和科学性[45]。

路子雁等（2015）以山西省 11 个地级市为研究对象，从人口城镇化、经济发展城镇化、社会发展城镇化、区域空间发展城镇化这四个方面构建了山西省地级市城镇化水平评价指标体系，首先运用主成分分析法和聚类分析法对 2011 年山西省各地级市城镇化发展水平进行区域差异研究，将山西省城镇化水平分为四类。其次根据评价结果提出各地的发展建议，并找出 11 个地级市城镇化发展过程中存在的共性问题[46]。

　　刘子昂等（2016）建立了农产品物流评价体系，利用主成分分析的方法，对 2011 年全国各省份农产品物流的相关数据进行分析，确定了两个主成分因子，并进一步采用聚类分析的方法将各省份的农产品物流水平分为五类，对聚类结果进行分析。结果表明，主成分聚类分析可以有效解决评价指标较多和指标相关性较强的问题，利用这种聚类分析方法研究农产品物流，所得聚类结果更加客观，能够较好地体现各类地区农产品物流的特点[47]。

　　汪磊和张觉文（2017）基于经济、社会、生态三个维度，构建土地生态安全评价指标体系，借助主成分聚类组合评价模型对 2015 年山东省土地生态安全状况进行综合评价，并结合评价结果进行区域等级划分。结果表明，山东省土地生态安全空间分布极不均衡，风险区划之间差异性大，其中土地生态安全低度风险区 2 个（济南市、青岛市）、中度风险区 14 个、高度风险区 1 个（东营市），主成分聚类分析结果与实际情况高度吻合[48]。

　　张紫薇等（2018）以 115 份番茄品种为试材，采用主成分分析和聚类分析法，研究了包括单果质量、果纵径、果横径、果形指数、果肉厚、心室数、果实硬度、可溶性固形物在内的八个果实性状，并对其进行主成分分析，提取出四个主成分因子，进而通过聚类分析中的 Ward 方法，将 115 份材料分成为扁圆形大果、长果形中果和圆形小果三个亚族。结果表明，主成分分析法和聚类分析法可以缩小亲本选配的范围和难度，有利于筛选优良亲本, 增加育种工作的效率[49]。

张枭 (2018) 研究采用 2017 年全国首届"两微一端"百佳评选数据库, 基于哈默尔核心竞争力理论, 利用主成分聚类分析法, 全景展现中国百强 APP 竞争力。研究发现百强 APP 共有用户吸引力、舆论导向力、技术创新力、服务驱动力四类竞争力, 按综合竞争力得分可归为三大梯队、四大阵营、九大聚类, 并指出在实践中各大 APP 可据此寻找自身竞争地位与相应竞争力提升策略, 避免重复建设、恶性竞争与无效投资[50]。

杨世军和顾光海 (2019) 从中小学教育设施、医疗卫生设施、文化体育设施、社会福利与保障设施、基础生活设施、道路与交通设施、环保卫生绿化设施七个维度构建城市公共服务设施承载力评价体系, 运用主成分和聚类分析方法对全国 35 个城市的公共服务设施承载力进行综合评价, 发现各城市的优势和差异, 并基于主成分和聚类分析结果, 对各城市公共服务设施承载力进行综合分析并提出对策建议[51]。

刘凯等 (2022) 基于多目标区域地球化学调查获取的土壤常量元素数据, 利用主成分分析和 K 均值聚类组合方法——主成分聚类分析法, 对东北典型黑土区进行地球化学分类研究。结果显示: 成土母质是土壤常量元素特征的主要控制因素, 利用主成分聚类法将典型黑土区土壤样品划分为五类最为合理, 各类样品的常量元素含量具有显著性差异。土壤地球化学分类结果与第四纪地质单元有一定的对应关系, 而分类结果更能反映成土母质的真实分布情况[52]。

上述文献均采用一般主成分聚类分析方法进行聚类, 考虑了指标之间的高度相关性问题, 因此在学术界得到了广泛应用。然而, 这一聚类分析方法仍然存在一定的问题, 即该聚类分析方法所提取的每个主成分因子能解释的方差的比例并不相同, 因此各主成分因子对分类的重要性也存在较大差异。一般而言，第一主成分因子的方差贡献率最大，解释原始变量的能力最强，第二主成分因子、第三主成分因子……第 P 主成分因子的解释能力依次递减。因此，在各主成分因子信息含量相差较大的情况下，忽略不同主成分因子对分类重要性的客观差异而直接进行聚类，同样也会降低分类质量。

对此，李明月和任九泉（2010）针对传统主成分分析在处理非线性问题上的不足，阐述了应用核主成分分析进行数据处理的改进方法，并介绍了一种基于核主成分的加权聚类分析的综合评价方法。该方法将得到的方差贡献率足够高的第一主成分因子作为权值，计算出聚类后每个类别中各指标的加权平均值。实验表明，核主成分的分析方法具有相对的普遍性和适用性，在此基础上所进行的对类别内各指标的加权值的计算，对类的进一步的分析具有良好的意义。基于核主成分和加权聚类的综合评价结果无论是在系统排序问题上还是在传统聚类分析上都有所改进[53]。

张金萍等（2012）利用加权主成分分析法、GIS 的趋势分析工具和 Moran's I 指数分析 2009 年黄河下游沿岸 109 个县域经济发展的空间差异，并结合重心法层次聚类分析，利用 SOFM 神经网络模型进行经济发展水平分类。结果表明，109 个县域的经济发展水平可以分为五类，其空间分布总体上符合圈层结构理论。用加权主成分因子得分作为输入，参考层次聚类结果确定神经元数是 SOFM 网络取得良好分类效果的前提[54]。

王德青等（2012，2015）针对已有文献提出的主成分聚类分析方法在极端情形下的失效问题，提出了一种改进的分类方法——基于方差贡献率的加权主成分聚类分析方法。该分类方法先按特征权重对主成分因子赋权，再对赋权的主成分因子进行聚类，并采用此分类方法进行实证检验，取得了良好的分类效果，有效地解决了现有聚类分析模型不能处理指标共线性和重要性差异悬殊的问题。对比拓展的聚类分析模型与同类模型的分类效率发现，新分类方法每一步都有充分的理论保证其必要性、合理性，基于方差贡献率的加权主成分聚类分析方法蕴含的客观合理性是其优势所在的根本原因[55-58]。

朱建平等（2013）、王德青和宋建平（2014）在剖析现有层级划分方法优点与不足的基础上进行模型拓展，进一步将基于方差贡献率的加权主成分聚类分析的拓展模型应用于我国的区域创新能力的静态与动态分类评价，并对分类结果的显著性进行检验。研究结果表明，与现有同类聚类分析方法相比，新分类方法克服了指标之间的高度共线性，能够对指标重要性的客观差异进行自适应赋权，应用基于方差贡献率的加权主成分聚类分析方法对中国区域创新能力进行集团划分，分类结果的可解释性明显提高，统计检验效果显著，所得的结论对了解和推动中国区域创新能力发展具有借鉴意义[59-60]。

白福臣和周景楠（2016）依据已构建的十个评价指标研究沿海11个省份的海洋产业竞争力。首先从产业规模水平、产业结构水平、产业科技水平三个方面构建海洋产业竞争力评价指标体系；其次利用主成分分析法提取出投入和创新因子、发展活力和潜力因子、结构优化因子和效率效益因子四个主成分因子；最后按照四个主成分因子得分，选取对应的方差贡献率为权重，运用系统聚类法中的 Ward 法进行聚类分析，将我国区域海洋产业竞争力评价因素分为四类，并根据分类结果对提升区域海洋产业竞争力给出了政策建议[61]。

李贤等（2017）应用加权主成分聚类分析法探究江苏省13个地级市2014年第三产业发展潜力。首先利用主成分分析法对2013年度、2014年度江苏省13个地级市第三产业14个领域经济增长数据进行分析，以消除指标过多造成的共线性问题；其次通过对主成分因子进行加权；最后采用最短距离法进行聚类分析，实现对样本点的分类与分析。研究结果表明，与传统的聚类分析相比，此聚类分析方法既不会改变分类结果，又减少聚类过程中的计算量[62]。

万月等（2018）针对谱聚类算法中由高斯核函数建立的相似度矩阵对尺度参数敏感的问题，提出了一个新的基于加权密度的自适应谱聚类算法——WDSC。该算法将数据点的加权 K 近邻距离作为尺度参数，尺度参数的倒数作为数据点所在邻域的密度，引入新的密度差调整相似度矩阵；考虑了每个数据点的邻域分布，故对噪声有一定的鲁棒性，且对参数也不再敏感。在不同数据集上的实验以及对比实验均验证了该算法的有效性与鲁棒性[63]。

李雄英和颜斌（2019）运用稳健统计量对传统主成分聚类方法进行修正，构建出稳健主成分聚类分析算法，以克服离群值对模型计算结果的影响。由模拟和实证分析的计算结果可知，当数据中没有离群值时，稳健主成分聚类方法的结果与传统主成分聚类方法一致；但当数据中有离群值时，相对于传统主成分聚类方法而言，稳健主成分聚类方法能有效抵抗离群值的影响，具有良好的抗干扰性和高抗差性[64]。

薛盛炜等（2020）针对经典模糊 C 均值聚类（FCM）对数据进行等权划分而造成聚类结果不理想的情况，首先采用点密度加权方式，对变压器油中溶解气体分析（DGA）数据进行处理，提高样本可分性，削弱聚类时出现的等趋势划分对聚类中心以及分类结果造成的影响。其次以 DGA 故障数据聚类中心作为变压器标准故障谱。最后利用施加惯性系数的主成分分析方法对待测样本进行故障识别。研究结果表明，通过点密度加权的 FCM 对 DGA 数据进行故障类型分类时，平均准确率比传统 FCM 算法提升了 9.6%[65]。

龚旭和吕佳（2021）提出了基于加权主成分分析和改进密度峰值聚类的协同训练算法。首先引入加权主成分分析对数据进行预处理，通过寻求初始有标记样本中特征和类标记之间的依赖关系求得各特征加权系数。其次对加权变换后的数据进行降维并提取高贡献度特征进行视图分割。最后在密度峰值聚类上提出一种"双拐点"法来自动选择聚类中心，利用改进后的密度峰值聚类来确定标记不一致样本的最终类别，以降低样本被误分类的概率。研究结果表明，所提算法在分类准确率和算法稳定性上有较大提升[66]。

王丙参等（2021）利用三种客观方法对样品间距离进行加权并分析其优缺点。当观测指标存在强相关性时，利用主成分分析可消除指标间的多重共线性并客观确定权重，用样本主成分得分与主成分因子得分代替原始观测数据，比较研究了三种主成分因子聚类方法，最后给出实例分析，验证了理论分析结果。结果显示：不是所有数据集都适合标准化处理，主成分因子也不是越多越好，选取累计方差贡献率在90%附近的主成分分析效果较好；自适应主成分因子聚类方法错分率较低，尤其适合自然科学数据[67]。

王丙参等（2022）构建了函数型全局拉开档次评价法，根据全局拉开档次准则确定指标权重，将多元评价函数转化为综合评价函数，通过综合评价函数积分值对中国各地区经济发展水平进行短期、长期评价；进一步对综合评价函数进行函数型数据主成分分析，利用主成分因子的加权欧几里得距离进行系统聚类，并以主成分综合得分对中国各地区经济发展水平进行长期评价。运用上述方法对我国各省份进行聚类与排序，研究结果表明，我国各地区的经济发展水平不平衡[68]。

姜云卢等（2022）将高维稳健的协方差矩阵稳健估计方法与主成分聚类分析方法相结合，提出了基于高维稳健的协方差矩阵稳健估计方法的稳健主成分聚类方法。数值模拟和实证分析表明，基于高维稳健的协方差矩阵稳健估计方法的稳健主成分聚类方法的分类效果优于传统的主成分聚类分析和基于最小协方差行列式估计的主成分聚类分析，尤其是在维数大于样本观测值的情况下，基于高维稳健的协方差矩阵稳健估计方法的稳健主成分聚类方法更为有效[69]。

综上，学者将数学建模与统计理论科学地融合到聚类分析方法之中，提出了各种不同形式的聚类分析改进方法，在一定程度上解决了传统的系统聚类分析方法的局限性，使得分类结果更为准确合理，也拓宽了聚类分析方法的应用领域。但对各种聚类分析改进方法的应用条件、分类效果进行比较检验的研究相对较少，在实际应用中，各聚类分析方法均有其假设条件和适用前提，简单的套用往往难以取得理想的分类效果，而选择何种方法进行聚类则要根据聚类对象的具体特点而定。

鉴于此，本书在总结现有研究成果的基础上，从科学分类的视角研究系统聚类分析方法的改进问题。首先，在对传统的系统聚类分析方法和已有主成分聚类分析方法的局限性展开阐述的基础上，提出一种新的改进的主成分聚类分析方法——加权主成分距离聚类分析方法，并通过数学推理探讨了该方法的性质及适用条件。其次，以美国加利福尼亚大学尔湾分校国际常用标准测试数据集中的小麦籽粒、鸢尾花卉数据集作为实验数据进行仿真模拟，检验加权主成分距离聚类分析方法在主成分因子代表性较好、主成分因子代表性不足情景下的分类效果及有效性。最后，进一步将加权主成分距离聚类分析方法分别应用于无先验类别标准的实践领域，即运用加权主成分距离聚类分析方法对 2014 年中国各省份经济发展质量（主成分因子代表性较好的情景）、2015 年中国和 22 个创新型国家的创新竞争力（主成分因子代表性不足的情景）进行分类，从定性比较与统计检验两个层面检验在主成分因子代表性较好、主成分因子代表性不足情景下加权主成分距离聚类分析方法在实践应用中的分类效果及有效性。

第三节　研究内容

本书在已有研究的基础上，提出一种新的改进的主成分聚类分析方法——加权主成分距离聚类分析方法，进而从科学分类的视角研究系统聚类分析方法的改进问题。本书的主要研究内容包括：

第一章为绪论。主要阐述了本书的研究背景、文献综述、研究内容、研究框架和创新之处等内容，是对本书的总体概述。

第二章为系统聚类分析方法的理论基础。主要介绍了系统聚类分析方法的原理，包括中心化变换、标准化变换和规格化变换等数据的变换方法，曼哈顿距离、欧几里得距离、切比雪夫距离、明可夫斯基距离、堪培拉距离和马哈拉诺比斯距离等分类统计量，以及最短距离法、最长距离法、中间距离法、重心法、类平均法、可变类平均法、可变法和离差平方和法八种系统聚类分析方法。在此基础上进一步阐述了系统聚类分析方法的基本性质以及在聚类分析过程中确定分类个数的基本方法。

第三章为加权主成分距离聚类分析方法的数学推理。主要是在对传统的系统聚类分析方法和已有主成分聚类分析方法的局限性展开阐述的基础上，重构了分类定义中的距离概念，通过定义自适应赋权的主成分距离为分类统计量，提出一种新的、改进的主成分聚类分析方法——加权主成分距离聚类分析方法，并采用了严格的数学推理论证了加权主成分距离聚类分析方法在满足主成分因子分析前提条件下的有效性，加权主成分距离聚类分析方法的性质以及适用条件。

第四章为加权主成分距离聚类分析方法的仿真模拟。主要以美国加利福尼亚大学尔湾分校国际常用标准测试数据集中的小麦籽粒、鸢尾花卉数据集作为实验数据进行仿真模拟，分别运用传统的系统聚类分析方法、第一主成分聚类分析方法、一般主成分聚类分析方法、加权主成分聚类分析方法和加权主成分距离聚类分析方法对上述数据集中的样品记录进行分类，进而分别检验加权主成分距离聚类分析方法在主成分因子代表性较好、主成分因子代表性不足情景下的分类效果及有效性。

第五章为加权主成分距离聚类分析方法的实践应用。分别运用传统的系统聚类分析方法、第一主成分聚类分析方法、一般主成分聚类分析方法、加权主成分聚类分析方法和加权主成分距离聚类分析方法对 2014 年中国各省份经济发展质量（主成分因子代表性较好的情景）、2015 年中国和 22 个创新型国家的创新竞争力（主成分因子代表性不足的情景）进行分类评价，进而从定性比较与统计检验两个层面检验在主成分因子代表性较好、主成分因子代表性不足情景下加权主成分距离聚类分析方法在实践应用中的分类效果及有效性。

第六章为研究结论与展望。主要是对本书的研究结论进行了系统的归纳和总结，并对今后将开展的研究工作进行了展望。

第四节　研究框架

根据上述研究内容，本书的研究框架如图 1-1 所示：

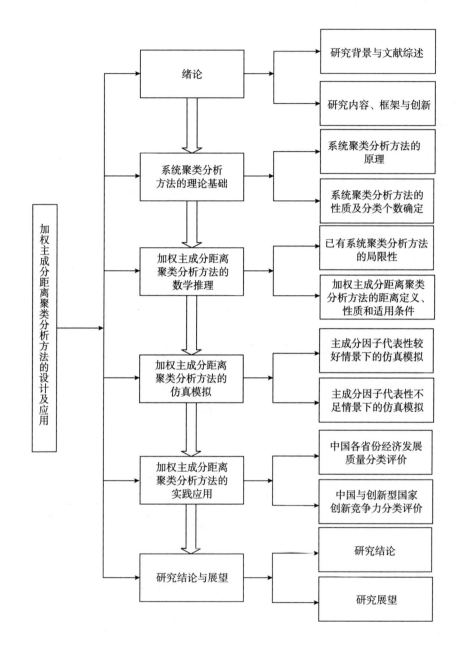

图 1-1　本书的研究框架

第五节　创新之处

本书从科学分类的视角考察系统聚类分析方法的改进问题。与已有研究相比，本书的创新之处主要体现在以下两个方面：

第一，在对传统的系统聚类分析方法和已有主成分聚类分析方法的局限性展开阐述的基础上，重构了分类定义中的距离概念，通过定义自适应赋权的主成分距离为分类统计量，提出一种新的、改进的主成分聚类分析方法——加权主成分距离聚类分析方法，并采用了严格的数学推理论证了加权主成分距离聚类分析方法在满足主成分因子分析前提条件下的有效性，加权主成分距离聚类分析方法的性质以及适用条件。

第二，对加权主成分距离聚类分析方法进行仿真模拟，并将方法应用于无先验类别标准的实践领域，即在仿真模拟和实践应用中，分别运用传统的系统聚类分析方法、第一主成分聚类分析方法、一般主成分聚类分析方法、加权主成分聚类分析方法和加权主成分距离聚类分析方法进行分类，进而检验加权主成分距离聚类分析方法在主成分因子代表性较好、主成分因子代表性不足情景下的分类效果及有效性。

第二章　系统聚类分析方法的
理论基础

第一节 系统聚类分析方法的原理

系统聚类分析法是国内外目前使用最多的一种聚类分析方法，有关它的研究十分丰富。这种方法的基本思想是：先将 n 个样品（或者指标）各自看成一类，然后规定样品（或者指标）之间的距离和类与类之间的距离。开始，因为每个样品（或者指标）自成一类，所以类与类之间的距离与样品（或者指标）之间的距离是相等的。接下来，选择距离最小的一对合并成一个新类，计算新类与其他类的距离，再将距离最近的两类合并。依次进行下去，这样，每次都会减少一些类，直至所有的样品（或者指标）都合并成一类为止。

系统聚类分析方法的一般程序是：首先要确定分类统计量，无论是定量数据还是定性数据均是如此。其次利用分类统计量将样品（或者指标）进行归类。在进行具体聚类分析时，由于目的的不同或者要求的不同，因而产生各种不同的聚类分析方法，例如，Q 型聚类分析与 R 型聚类分析，其中前者是对样品进行聚类分析，后者是对指标进行聚类分析。在本书中，我们重点关注的是如何综合利用多个指标的信息对样品进行分类，因此我们仅探讨 Q 型聚类分析，也就是对样品的分类。

一、数据的变换方法

设有 n 个样品 X_1，X_2，$\cdots$，X_n，每个样品有 p 个指标 x_1，x_2，$\cdots$，x_p，用 x_{ij}（$i=1$，2，$\cdots$，n；$j=1$，2，$\cdots$，p）表示第 i 个样品的第 j 个指标的值，数据矩阵如表 2-1 所示。

表 2-1　样品数据矩阵

指标＼样品	$x._1$	$\cdots$	$x._j$	$\cdots$	$x._p$
$X_1.$	x_{11}	$\cdots$	x_{1j}	$\cdots$	x_{1p}
$\vdots$	$\vdots$	$\cdots$	$\vdots$	$\cdots$	$\vdots$
$X_i.$	x_{i1}	$\cdots$	x_{ij}	$\cdots$	x_{ip}
$\vdots$	$\vdots$	$\cdots$	$\vdots$	$\cdots$	$\vdots$
$X_n.$	x_{n1}	$\cdots$	x_{nj}	$\cdots$	x_{np}
样品均值	$\bar{x}_1$	$\cdots$	$\bar{x}_j$	$\cdots$	$\bar{x}_p$
样品标准差	s_1	$\cdots$	s_j	$\cdots$	s_p
样品极差	R_1	$\cdots$	R_j	$\cdots$	R_p

其中，第 j 个指标的样品均值为：

$$\bar{x}_j = \frac{1}{n}\sum_{i=1}^{n} x_{ij} \quad (j=1,\ 2,\ \cdots,\ p) \tag{2-1}$$

第 j 个指标的样品标准差为：

$$s_j = \left[\frac{1}{n-1}\sum_{i=1}^{n}(x_{ij}-\bar{x}_j)^2\right]^{\frac{1}{2}} \quad (j=1,\ 2,\ \cdots,\ p) \tag{2-2}$$

第 j 个指标的样品极差为：

$$R_j = \max_{i=1,2,\cdots,n} x_{ij} - \min_{i=1,2,\cdots,n} x_{ij} \quad (j=1,\ 2,\ \cdots,\ p) \tag{2-3}$$

公式（2-3）中，max 为样品数据的最大值，min 为样品数据的最小值。通过公式（2-1）、公式（2-2）和公式（2-3）计算出样品均值、样品标准差和样品极差后，可以进一步进行数据的中心化、标准化与规格化变换，以消除量纲对分类结果的影响。

1. 中心化变换

$$x_{ij}^* = x_{ij} - \overline{x}_j \quad (i=1, 2, \cdots, n; j=1, 2, \cdots, p) \tag{2-4}$$

公式（2-4）称为中心化变换，即平移变换，该变换可以使新坐标的原点（0，0）与样品点集合的重心完全重合，并且中心化变换后不会改变样品间的相互位置，也不会改变指标间的相关性。换句话说，经过中心化变换后，样品数据的均值为 0，而协方差矩阵保持不变。因此，中心化变换是一种可以方便地计算样品协方差矩阵的变换。

2. 标准化变换

$$x_{ij}^* = \frac{x_{ij} - \overline{x}_j}{S_j} \quad (i=1, 2, \cdots, n; j=1, 2, \cdots, p) \tag{2-5}$$

公式（2-5）称为标准化变换，经公式（2-5）标准化变换处理之后的数据，每个指标的样品均值均为 0，标准差均为 1。而且，经过标准化变换处理之后，数据集 $\{x_{ij}^*\}$ 所有特征有了相同的变化范围，从而将有量纲的原始指标数据集转换为一个无量纲的相对数据集。该变换方法假设数据是服从正态分布的，但这个要求并不十分严格，如果数据是服从正态分布的，则该变换会更有效。

3. 规格化变换

对于正向指标，有：

$$x_{ij}^* = \frac{x_{ij} - \min\limits_{i=1,2,\cdots,n} x_{ij}}{R_j} \quad (i=1, 2, \cdots, n; j=1, 2, \cdots, p) \tag{2-6}$$

对于负向指标，有：

$$x_{ij}^* = \frac{\max\limits_{i=1,2,\cdots,n} x_{ij} - x_{ij}}{R_j} \quad (i=1,\ 2,\ \cdots,\ n;\ j=1,\ 2,\ \cdots,\ p) \qquad (2\text{-}7)$$

公式（2-6）和公式（2-7）称为规格化变换或极差正规化变换。该变换是对原始指标数据的线性变换，使原始指标数据映射到 0 和 1 之间的区间内，但不会改变原始指标数据的分布，同时也消除了量纲对分类结果的影响。但这种变换方法也存在一个明显的缺陷，即当有新的指标数据加入时，可能会导致最大值和最小值发生变化，进而需要重新定义最大值和最小值。

二、分类统计量

通过 Q 型聚类分析对 n 个样品进行分类，可以揭示样品之间的亲疏程度。描述样品之间的亲疏程度最常用的分类统计量是距离。不同类型的指标，在定义距离时，其方法存在很大的差异，因此在使用时应加以注意。为了书写方便，把第 i 个样品 X_i 与第 j 个样品 X_j 之间的距离 $d(X_i, X_j)$ 简记为 d_{ij}。根据这一距离的定义，d_{ij} 一般须满足以下条件：

（1）非负性：$d_{ij} \geqslant 0$，对于一切的 $i,\ j$；当 $d_{ij}=0 \Leftrightarrow X_i = X_j$；

（2）对称性：$d_{ij} = d_{ji}$，对于一切的 $i,\ j$；

（3）三角不等式：$d_{ij} \leqslant d_{ik} + d_{kj}$，对于一切的 $i,\ j$。

常用的距离度量方法主要有以下几种：

（1）曼哈顿距离（Manhattan Distance，又称绝对距离）：

$$d_{ij}(1) = \sum_{t=1}^{p} |x_{it} - x_{jt}| \qquad (2\text{-}8)$$

（2）欧几里得距离（Euclidean Distance，简称欧氏距离）：

$$d_{ij}(2) = \left[\sum_{t=1}^{p} (x_{it} - x_{jt})^2 \right]^{\frac{1}{2}} \qquad (2\text{-}9)$$

（3）切比雪夫距离（Chebyshev Distance，又称 L∞ 度量）：

$$d_{ij}(\infty) = \max_{1 \le i \le p} |x_{it} - x_{jt}| \tag{2-10}$$

（4）明可夫斯基距离（Minkowski Distance，简称明氏距离）：

$$d_{ij}(q) = \left[\sum_{t=1}^{p} |x_{it} - x_{jt}|^q \right]^{\frac{1}{q}} \tag{2-11}$$

显然，明可夫斯基距离是对多个距离度量公式的归纳性表述。当 $q=1$ 时明可夫斯基距离退化为曼哈顿距离；当 $q=2$ 时明可夫斯基距离退化为欧几里得距离；切比雪夫距离是明可夫斯基距离取极限的形式。

明可夫斯基距离特别是其中的欧几里得距离是人们较为熟悉的也是使用最多的距离。但明可夫斯基距离也存在一些不足之处，主要表现在两个方面：第一，它与各指标的量纲有关；第二，它没有考虑指标之间的相关性。

（5）堪培拉距离（Canberra Distance，又称兰氏距离）：

$$d_{ij}(L) = \sum_{t=1}^{p} \frac{|x_{it} - x_{jt}|}{x_{it} + x_{jt}} \tag{2-12}$$

堪培拉距离最早是由 Lance 和 Williams（1967）提出的[70]，此距离仅适用于一切 $x_{ij}>0$ 的情况，这个距离有利于克服各指标之间量纲的影响，但没有考虑到指标之间的相关性。与明可夫斯基距离一样，堪培拉距离同样假定变量之间相互独立，即在正交空间中讨论距离，但在实际应用中，变量之间往往存在一定的相关性。

（6）马哈拉诺比斯距离（Mahalanobis Distance，简称马氏距离）：

$$d_{ij}(M) = (X_i - X_j)^T \sum{}^{-1} (X_i - X_j) \tag{2-13}$$

公式（2-13）中，$\sum$ 为数据矩阵的样品协方差矩阵。马哈拉诺比斯距离虽然可以排除变量之间相关性的干扰，并且不受量纲的影响，但在聚类分析处理之前，如果用全部数据计算均值和协方差矩阵来计算马哈拉诺比斯距离，效果不是很好。比较合理的办法是用各类的样品来计算各自的协方差矩阵，同一类样品间的马哈拉诺比斯距离应当用这一类的协方差矩阵来计算，但类的形成需要依赖于样品间的距离，而样品间合理的马哈拉诺比斯距离又依赖于类，这就形成了一个恶性循环。因此，在实际的聚类分析中，马哈拉诺比斯距离也不是一个理想的距离度量方法。

三、八种系统聚类分析方法

正如样品之间的距离可以有不同的定义方法一样，类与类之间的距离也有各种定义方法。例如，可以定义类与类之间的距离为两类之间最近样品的距离，或者定义类与类之间的距离为两类之间最远样品的距离，也可以定义类与类之间的距离为两类重心之间的距离，等等。用不同的方法定义类与类之间的距离，就产生了不同的系统聚类分析方法。

本部分将介绍常用的八种系统聚类分析方法，即最短距离法、最长距离法、中间距离法、重心法、类平均法、可变类平均法、可变法和离差平方和法。系统聚类分析方法尽管很多，但分类的步骤基本上是一样的，所不同的仅是类与类之间的距离有不同的定义方法，从而得到不同的计算距离的公式，这些公式虽然在形式上不同，但最后可将它们统一为一个公式，统一的公式详见后文。

以下用 d_{ij} 表示样品 X_i 与样品 X_j 之间的距离，用 D_{ij} 表示类 G_i 与类 G_j 之间的距离。

1. 最短距离法

定义 类 G_p 与类 G_q 之间的距离为两类最近样品的距离，即：

$$D_{pq} = \min_{X_i \in G_p, X_j \in G_q} d_{ij} \tag{2-14}$$

最短距离法将类与类之间距离最近的两类合并，聚类的步骤如下：

（1）定义样品之间的距离，计算样品两两之间的距离，得一距离阵记为 $D_{(0)}$，开始每一个样品自成一类，所以这时 $D_{ij} = d_{ij}$。

（2）选择 $D_{(0)}$ 的非对角线最小元素，设为 $D_{pq}(=d_{pq})$，则将类 G_p 与类 G_q 合并成一个新类，记为 G_r，即 $G_r = \{G_p,\ G_q\}$。

（3）计算新类 G_r 与其他任意类 $G_k(k \neq p,\ q)$ 的距离：

$$
\begin{aligned}
D_{kr} &= \min_{X_i \in G_k, X_j \in G_r} d_{ij} \\
&= \min \left\{ \min_{X_i \in G_k, X_j \in G_p} d_{ij},\ \min_{X_i \in G_k, X_j \in G_q} d_{ij} \right\} \\
&= \min \{ D_{kp},\ D_{kq} \}
\end{aligned}
\qquad (2\text{-}15)
$$

（4）将第 $D_{(0)}$ 中第 p，q 行及 p，q 列用公式（2-15）合并成一个新行新列，新行新列对应类 G_r，所得到的距离阵记为 $D_{(1)}$。

（5）对 $D_{(1)}$ 重复上述对 $D_{(0)}$ 的（2）（3）两步的做法，得到 $D_{(2)}$。如此下去，直到所有的样品全部合并为一类为止。

此外，应该注意的是，如果某一步 $D_{(k)}$ 中的非对角线最小元素不止一个，则对应于这些最小元素的类可以同时合并。

2. 最长距离法

定义 类 G_p 与类 G_q 之间的距离为两类最远样品的距离，即：

$$
D_{pq} = \max_{X_i \in G_p, X_j \in G_q} d_{ij}
\qquad (2\text{-}16)
$$

最长距离法聚类的步骤和最短距离法完全一样，也是先将每一个样品自成一类，然后将非对角线上最小元素对应的两类合并，如此下去，直到所有的样品全部合并为一类为止。

设某一步将类 G_p 与类 G_q 之间合并为一个新类，记为 G_r，则采用最长距离法作为聚类的方法，新类 G_r 与其他任意类 G_k（$k \neq p$，q）的距离为：

$$
D_{kr} = \max_{X_i \in G_k, X_j \in G_r} d_{ij}
$$

$$= \max \left\{ \max_{X_i \in G_k, X_j \in G_p} d_{ij}, \quad \max_{X_i \in G_k, X_j \in G_q} d_{ij} \right\}$$

$$= \max \quad \{ D_{kp}, \quad D_{kq} \} \tag{2-17}$$

可见，最长距离法与最短距离法只有两点不同：一是类与类之间的距离定义不同；二是计算新类与其他类的距离所采用的公式不同。下面将要介绍的其他系统聚类分析方法之间的不同点也体现在这两个方面，聚类的步骤与最短距离法完全相同，因此下面在介绍其他系统聚类分析方法时，不再论述聚类的步骤，而是主要指出这两个方面：类与类之间的距离定义和所采用的距离公式。

3. 中间距离法

定义 类与类之间的距离既不采用两类之间最近的距离，也不采用两类之间最远的距离，而是采用介于两者之间的距离，故称为中间距离法（见图 2-1）。

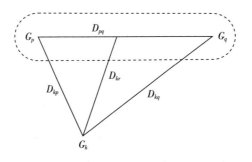

图 2-1 中间距离法

设某一步将类 G_p 与类 G_q 之间合并为一个新类，记为 G_r，则采用中间距离法作为聚类的方法，新类 G_r 与其他任意类 $G_k(k \neq p, q)$ 的距离为：

$$D_{kr}^2 = \frac{1}{2}D_{kp}^2 + \frac{1}{2}D_{kq}^2 + \beta D_{pq}^2 \qquad -\frac{1}{4} \leq \beta \leq 0 \tag{2-18}$$

由初等几何可知，当 $\beta = -\dfrac{1}{4}$ 时，D_{kr} 就是上面三角形的中线。

如图 2-1 所示，如果用最短距离法，则 $D_{kr} = D_{kp}$；如果用最长距离法，则 $D_{kr} = D_{kq}$；如果取夹在这两边的中线作为 D_{kr}，则 $D_{kr} = \sqrt{\dfrac{1}{2}D_{kp}^2 + \dfrac{1}{2}D_{kq}^2 - \dfrac{1}{4}D_{pq}^2}$，由于距离公式（2-18）中用到的都是距离的平方，为了计算上的方便，可将 $D_{(0)}$，$D_{(1)}$，$D_{(2)}$ …中的元素都用相应元素的平方代替，从而得到相应的矩阵记为 $D_{(0)}^2$，$D_{(1)}^2$，$D_{(2)}^2$ …。

4. 重心法

定义　类与类之间的距离用两类重心之间的距离来表示，即设类 G_p 和类 G_q 的重心（对称分布时即该类样品的均值）分别是 $\overline{X}_p$ 和 $\overline{X}_q$（它们是 p 维向量），则类 G_p 和类 G_q 之间的距离是 $D_{pq} = d_{\overline{X}_p \overline{X}_q}$。对应于这一定义的系统聚类法被称为重心法，下面来推导它的距离递推公式：

设聚类到某一步，类 G_p 和类 G_q 分别有样品 n_p 和 n_q 个，将类 G_p 与类 G_q 合并为类 G_r，则类 G_r 内样品个数为 $n_r = n_p + n_q$，它的重心是 $\overline{X}_r = \dfrac{1}{n_r}(n_p\overline{X}_p + n_q\overline{X}_q)$，某一任意类 $G_k(k \neq p, q)$ 的重心是 $\overline{X}_k$，它与新类 G_r 的距离（如果最初样品之间的距离采用欧几里得距离）为：

$$
\begin{aligned}
D_{kr}^2 &= d_{\overline{X}_k \overline{X}_r}^2 \\
&= (\overline{X}_k - \overline{X}_r)'(\overline{X}_k - \overline{X}_r) \\
&= \left[\overline{X}_k - \frac{1}{n_r}(n_p\overline{X}_p + n_q\overline{X}_q)\right]'\left[\overline{X}_k - \frac{1}{n_r}(n_p\overline{X}_p + n_q\overline{X}_q)\right] \\
&= \overline{X}_k'\overline{X}_k - 2\frac{n_q}{n_r}\overline{X}_k'\overline{X}_p - 2\frac{n_q}{n_r}\overline{X}_k'\overline{X}_q + \frac{1}{n_r^2}(n_p^2\overline{X}_p'\overline{X}_p + 2n_pn_q\overline{X}_p'\overline{X}_q + n_q^2\overline{X}_q'\overline{X}_q) \quad (2\text{-}19)
\end{aligned}
$$

利用 $\overline{X}'_k\overline{X}_k=\dfrac{1}{n_r}(n_p\overline{X}'_k\overline{X}_k+n_q\overline{X}'_k\overline{X}_k)$，代入公式（2-19）则有：

$$D^2_{kr}=\frac{n_p}{n_r}(\overline{X}'_k\overline{X}_k-2\overline{X}'_k\overline{X}_p+\overline{X}'_p\overline{X}_p)+\frac{n_q}{n_r}(\overline{X}'_k\overline{X}_k-2\overline{X}'_k\overline{X}_q+\overline{X}'_q\overline{X}_q)-$$

$$\frac{n_pn_q}{n_r^2}(\overline{X}'_p\overline{X}_p-2\overline{X}'_p\overline{X}_q+\overline{X}'_q\overline{X}_q)$$

$$=\frac{n_p}{n_r}D^2_{kp}+\frac{n_q}{n_r}D^2_{kq}-\frac{n_p}{n_r}\frac{n_q}{n_r}D^2_{pq} \tag{2-20}$$

公式（2-20）就是重心法的距离公式。显然，当 $n_p=n_q$ 时，公式（2-20）也即为中间距离法的公式。

此外，如果样品之间的距离不是欧几里得距离，可根据不同的情况给出不同的距离公式。

5. 类平均法

重心法虽然具有较好的代表性，但它并没有充分利用各个样品的信息，为了克服这一缺陷，可进一步将两类之间的距离平方定义为这两类元素两两之间距离平方的平均，即：

$$D^2_{pq}=\frac{1}{n_pn_q}\sum_{X_{(i)}\in G_p}\sum_{X_{(j)}\in G_q}d^2_{ij} \tag{2-21}$$

设聚类到某一步，将类 G_p 与类 G_q 合并为新类 G_r，则新类 G_r 与其他任意类 $G_k(k\neq p,q)$ 的距离为：

$$D^2_{kr}=\frac{1}{n_kn_r}\sum_{X_{(i)}\in G_k}\sum_{X_{(j)}\in G_r}d^2_{ij}$$

$$=\frac{1}{n_kn_r}\Big(\sum_{X_{(i)}\in G_k}\sum_{X_{(j)}\in G_p}d^2_{ij}+\sum_{X_{(i)}\in G_k}\sum_{X_{(j)}\in G_q}d^2_{ij}\Big)$$

$$=\frac{n_p}{n_r}D^2_{kp}+\frac{n_q}{n_r}D^2_{kq} \tag{2-22}$$

用公式（2-22）这种距离定义的系统聚类法被称为类平均法，类平均法是系统聚类法中比较好的方法之一。

6. 可变类平均法

类平均法虽然是系统聚类法中比较好的方法之一，但也存在一些不足之处。该方法在递推公式（2-22）中没有反映类 G_p 与类 G_q 之间距离 D_{pq} 的影响，所以还可以对公式（2-22）进一步进行改进，从而给出可变类平均法。可变类平均法定义两类之间的距离同公式（2-21），只是将新类 G_r 与其他任意类 $G_k(k \neq p, q)$ 的距离改为如下形式：

$$D_{kr}^2 = \frac{n_p}{n_r}(1-\beta)D_{kp}^2 + \frac{n_q}{n_r}(1-\beta)D_{kq}^2 + \beta D_{pq}^2 \qquad (2-23)$$

公式（2-23）中，β 是可变的且 $\beta<1$。可见，可变类平均法的分类效果与 β 的选择关系极大，也就是说该方法分类结果受人为因素影响较大，有一定的主观性，因此在实际应用中使用不多。β 如果接近于1，分类效果一般较差，故在实际应用中 β 常取负值。

7. 可变法

在可变类平均法中，若不考虑类 G_p 与类 G_q 两类中各自样品的个数，而是将两类同等看待，则就得到了可变法。即新类 G_r 与其他任意类 $G_k(k \neq p, q)$ 的距离公式为：

$$D_{kr}^2 = \frac{1-\beta}{2}(D_{kp}^2 + D_{kq}^2) + \beta D_{pq}^2 \qquad (2-24)$$

显然，可变法是可变类平均法的特殊形式，在可变类平均法中取 $\frac{n_p}{n_r} = \frac{n_q}{n_r} = \frac{1}{2}$，即为公式（2-24）。因此，在可变法中，$\beta$ 同样是可变的且 $\beta<1$。并且，可变法的分类效果与 β 的选择关系也极大，也有一定的人为主观性，

因此在实际应用中使用也不多。β 如果接近于 1，分类效果一般较差，故在实际应用中 β 也常取负值。

8. 离差平方和法

离差平方和法是由 Ward 在 1963 年提出来的，故又称 Ward 法[71]。这种方法的基本思想来自方差分析。即如果分类正确，则同类样品的离差平方和应当较小，类与类之间的离差平方和应当较大。从这种思想出发，产生了离差平方和法。

设将 n 个样品分成 k 类：G_1，G_2，$\cdots$，G_k，用 $X_i^{(t)}$ 表示类 G_t 中的第 i 个样品（$X_i^{(t)}$ 是 p 维向量），n_t 表示类 G_t 中的样品个数，$\overline{X}^{(t)}$ 是类 G_t 的重心。则类 G_t 中样品的离差平方和为：

$$S_t = \sum_{i=1}^{n_t} (X_i^{(t)} - \overline{X}^{(t)})'(X_i^{(t)} - \overline{X}^{(t)}) \tag{2-25}$$

k 个类的类内离差平方和为：

$$S = \sum_{t=1}^{k} S_t = \sum_{t=1}^{k} \sum_{i=1}^{n_t} (X_i^{(t)} - \overline{X}^{(t)})'(X_i^{(t)} - \overline{X}^{(t)}) \tag{2-26}$$

离差平方和法聚类的具体做法是：先将 n 个样品各自成一类，然后每次减少一类，每减少一类后的离差平方和就要增大，选择使 S 增大最小的两类合并，直到所有的样品被划归为一类为止。

粗看起来，离差平方和法与前七种系统聚类分析方法存在较大的差异，但是如果把两类合并所增加的离差平方和看成平方距离，即将类 G_p 与类 G_q 的距离定义为 $D_{pq}^2 = S_r - S_p - S_q$（其中，$G_r = G_p \cup G_q$），就可以将离差平方和法与前七种系统聚类分析方法统一起来，且可以证明离差平方和法合并类的距离公式为：

$$D_{kr}^2 = \frac{n_k + n_p}{n_r + n_k} D_{kq}^2 + \frac{n_k + n_q}{n_r + n_k} D_{kq}^2 - \frac{n_k}{n_r + n_k} D_{pq}^2 \tag{2-27}$$

以上所介绍的八种系统聚类分析方法，聚类的步骤是完全一样的，所不同的只是类与类之间的距离有不同的定义，从而得到不同的递推公式。那么，能否将上述八种系统聚类分析方法有机地统一起来呢？Lance 和 Williams 在 1967 年发现当采用欧几里得距离时，八种系统聚类分析方法的递推公式可以统一成如下形式：

$$D_{kr}^2 = \alpha_p D_{kq}^2 + \alpha_q D_{kq}^2 + \beta D_{pq}^2 + \gamma \mid D_{kp}^2 - D_{kq}^2 \mid \tag{2-28}$$

　　如果不采用欧几里得距离时，除重心法、中间距离法、离差平方和法之外，统一形式的递推公式仍成立。公式（2-28）中参数 α_p、α_q、β、γ 对不同的方法有不同的取值，表 2-2 列出了上述八种系统聚类分析方法中参数的取值。

表 2-2　八种系统聚类分析方法的参数取值

方法	α_p	α_q	β	γ
最短距离法	$\dfrac{1}{2}$	$\dfrac{1}{2}$	0	$-\dfrac{1}{2}$
最长距离法	$\dfrac{1}{2}$	$\dfrac{1}{2}$	0	$\dfrac{1}{2}$
中间距离法	$\dfrac{1}{2}$	$\dfrac{1}{2}$	$-\dfrac{1}{4} \leqslant \beta \leqslant 0$	0
重心法	$\dfrac{n_p}{n_r}$	$\dfrac{n_q}{n_r}$	$-\alpha_p \alpha_q$	0
类平均法	$\dfrac{n_p}{n_r}$	$\dfrac{n_q}{n_r}$	0	0
可变类平均法	$\dfrac{(1-\beta)n_p}{n_r}$	$\dfrac{(1-\beta)n_q}{n_r}$	<1	0
可变法	$\dfrac{(1-\beta)}{2}$	$\dfrac{(1-\beta)}{2}$	<1	0
离差平方和法	$\dfrac{n_k+n_p}{n_r+n_k}$	$\dfrac{n_k+n_q}{n_r+n_k}$	$-\dfrac{n_k}{n_r+n_k}$	0

一般情况下，采用不同的系统聚类分析方法进行分类，所得到的分类结果是存在差异的。那么究竟采用哪一种系统聚类分析方法更好呢？这就需要提出一个具体标准作为衡量的依据。但遗憾的是，学术界至今还没有一个公认的、合理的具体标准，各种系统聚类分析方法分类效果的比较目前仍然是一个值得研究的课题。在实际应用中，一般采用以下两种处理办法来选择系统聚类分析方法：一种办法是根据分类问题本身的专业知识并结合实际需要来选择具体的系统聚类分析方法，并确定分类个数。另一种办法是同时多采用几种系统聚类分析方法进行分类，把分类结果中的共性提取出来，如果用几种系统聚类分析方法得出的某些结果都一样，则说明这样的分类确实反映了事物的本质，而将有争议的样品暂放一边或用其他办法去分类。

第二节　系统聚类分析方法的性质及分类个数确定

一、系统聚类分析方法的基本性质

1. 单调性

　　设 D_k 是系统聚类分析方法中第 k 次并类时的距离，如果 $D_1 < D_2 < \cdots$，则称并类距离具有单调性。可以证明最短距离法、最长距离法、类平均法、离差平方和法、可变法和可变类平均法都具有单调性，只有重心法和中间距离法不具有单调性。有单调性化聚类图符合系统聚类的思想，先结合的

类关系较近，后结合的类关系较远。

2. 空间的浓缩或扩张

设两个同阶矩阵 $D(A)$ 和 $D(B)$，如果 $D(A)$ 的每个元素不小于 $D(B)$ 相应的元素，则记为 $D(A) \geqslant D(B)$。特别地，如果矩阵 D 中元素是非负的，则有 $D \geqslant 0$。如果 $D(A) \geqslant 0$，$D(B) \geqslant 0$，$D^2(A)$ 表示将 $D(A)$ 的每个元素平方，则有：

$$D(A) \geqslant D(B) \Leftrightarrow D^2(A) \geqslant D^2(B)$$

令 $D(A, B) = D^2(A) - D^2(B)$

则有 $D(A, B) \geqslant 0 \Leftrightarrow D(A) \geqslant D(B)$

若有两个系统聚类分析方法 A 和 B，在第 k 步距离阵记为 $D(A_k)$ 和 $D(B_k)$，若 $D(A_k, B_k) \geqslant 0$，即 $D(A_k) \geqslant D(B_k)$，则称 A 比 B 使空间扩张或 B 比 A 使空间浓缩。

为了论述方便，现用"短""长""中""重""平""变平""可变"和"离"分别表示最短距离法、最长距离法、中间距离法、重心法、类平均法、可变类平均法、可变法和离差平方和法这八种系统聚类分析方法，它们的平方距离记为 $D^2(短)$、$D^2(长)$、$D^2(中)$、$D^2(重)$、$D^2(平)$、$D^2(变平)$、$D^2(可变)$ 和 $D^2(离)$。然后，以类平均法为基准，其他系统聚类分析方法都与该聚类分析方法进行比较，则不难得出：$D(短, 平) \leqslant 0$；$D(长, 平) \geqslant 0$；$D(重, 平) \leqslant 0$；$D(离, 平) \geqslant 0$；当 $\beta < 0$ 时，$D(变平, 平) \geqslant 0$；当 $0 < \beta < 1$ 时，$D(变平, 平) \leqslant 0$。中间距离法与类平均法比较没有统一的结论，它既可能大于等于 0，也可能小于等于 0，无法说两者哪个更浓缩或更扩张。

一般在聚类分析时，太浓缩的方法不够灵敏，但太扩张的方法对分类不利。与类平均法相比，最短距离法、重心法使空间浓缩。最长距离法、可变类平均法、离差平方和法使空间扩张，而类平均法相对较适中，既不太浓缩也不太扩张。

二、系统聚类分析方法的分类个数确定

聚类分析的目的是分类，但在聚类分析过程中如何确定分类的个数呢？这是一个十分困难的问题，迄今为止学术界尚未找到令人满意的方法。目前确定分类个数的基本方法主要有以下三种：

1. 由适当的阈值 T 来确定分类的个数

根据实际情况，并通过观察聚类分析谱系图，人为地给定一个阈值 T，要求类与类之间的距离要大于阈值 T。然后，用阈值 T 去分割聚类分析谱系图，对样品进行分类，并确定分类的个数。

2. 通过观测数据的散点图来确定分类的个数

如果考察的变量只有两个，则可通过数据点在平面上绘制散布图，由数据点在曲线拐弯处的分布来确定分类的个数。如果有三个变量，可以绘制三维散布图并通过旋转三维坐标轴，由数据点在曲线拐弯处的分布来确定分类的个数。当考察的变量在三个以上时，可以先通过主成分因子分析等方法将这些变量归纳提取为主要的两个或三个综合变量，然后再绘制数据点在综合变量上的散布图，由数据点在曲线拐弯处的分布来确定分类的个数。

3. 根据聚类分析谱系图来确定分类个数

Demirmen（1972）提出了一个根据研究目的来确定适当的分类方法，并提出了一些根据聚类分析谱系图来分析的准则[72]，主要包括准则 A：各类重心之间的距离必须很大；准则 B：确定的类中，各类所包含的元素都不要太多；准则 C：分类的个数必须符合实用目的；准则 D：若采用几种不同

聚类分析方法处理，则在各自的聚类分析谱系图中应发现相同的类。

需要指出的是，上述方法虽然是对系统聚类分析方法分类个数的一些探索，但关于分类个数如何确定的问题，目前学术界还没有一个公认的标准，也就是说对任何观测数据都没有唯一正确的分类个数确定方法，在应用时要结合实际需要和专业知识选择相对较为合理的分类个数。

第三章 加权主成分距离聚类分析方法的数学推理

第一节　已有系统聚类分析方法的局限性

一、传统的系统聚类分析方法的局限性

通过对第二章系统聚类分析方法的梳理可知，在描述样品之间的距离时，明可夫斯基距离特别是其中的欧几里得距离是人们较为熟悉的也是使用最多的距离。因此，本小节将以此为例探讨传统的系统聚类分析方法的局限性。如前文所述，设两个 p 维指标向量 $x_i = (x_{i1}, x_{i2}, \cdots, x_{ip})^T$ 和 $x_j = (x_{j1}, x_{j2}, \cdots, x_{jp})^T$ 分别表示两个对象，则明可夫斯基距离的定义如下：

$$d_{ij}(q) = \left[\sum_{t=1}^{p} |x_{it} - x_{jt}|^q \right]^{\frac{1}{q}} \tag{3-1}$$

通过公式（3-1）可以看出，明可夫斯基距离比较直观，易于理解，但是它也具有一定的局限性。一是该距离定义的聚类结果与各指标的量纲有关，且没有考虑到样品中每个指标在聚类过程中体现的作用的不同，而是将各指标统一看待，用这一距离定义计算出的两个样品之间的相似度并不准确。二是该距离定义没有考虑到指标之间的相关性。该距离定义是在假设数据各个指标不相关的情况下利用数据分布的特性计算出不同的距离。如果各个指标相互之间数据相关，这时采用这一距离定义亦难以准确计算出两个样品之间的相似度。

欧几里得距离也不例外，从统计的角度上看，使用欧几里得距离要求一个向量的 n 个分量是不相关的且具有相同的方差，或者说各坐标对欧几里得距离的贡献是同等的且变差大小也是相同的，这时使用欧几里得距离才合适，效果也较好，否则就有可能不能如实反映情况，甚至导致结论错误。因此，一个较为合理的做法就是对坐标加权，这就产生了"统计距离"。比如设 $P = (x_1, x_2, \cdots, x_p)'$，$Q = (y_1, y_2, \cdots, y_p)'$，且 Q 的坐标是固定的，点 P 的坐标相互独立地变化。用 s_{11}, s_{22}, $\cdots$, s_{pp} 表示 p 个变量 $x_1, x_2, \cdots, x_p$ 的 n 次观测的样品方差，则可定义 P 到 Q 的统计距离为：

$$d(P, Q) = \sqrt{\frac{(x_1 - y_1)^2}{s_{11}} + \frac{(x_2 - y_2)^2}{s_{22}} + \cdots + \frac{(x_p - y_p)^2}{s_{PP}}} \qquad (3-2)$$

公式（3-2）也称为加权欧几里得距离，所加的权是 $k_1 = \dfrac{1}{s_{11}}$，$k_2 = \dfrac{1}{s_{22}}$，$\cdots$，$k_p = \dfrac{1}{s_{pp}}$，即用样品方差除相应坐标。当取 $y_1 = y_2 = \cdots = y_p = 0$，就是 P 到原点 0 的距离。若 $s_{11} = s_{22} = \cdots = s_{pp}$ 时，就是欧几里得距离。可见，加权欧几里得距离虽然考虑了各个指标的权重差异，但仍然没有解决指标之间的相关性问题。

综上，传统的系统聚类分析方法要求描述对象的指标重要性相同并且相互独立，然而对于复杂的海量数据库，系统层次结构的指标体系中各指标重要性相差悬殊，指标之间不可避免信息重叠。如果对存有高度共线性的指标不加以处理而是直接进行聚类，那么分类统计量会将同类指标重复计算，从而过于放大共线性指标的作用，淹没独立性指标的贡献，导致难以解释的分类结果。

二、已有主成分聚类分析方法的局限性

传统的系统聚类分析方法无法解决样品指标之间的高度相关性，评价结果的信度和效度难以把握。因此许多学者采用一般主成分聚类分析方法，即通过主成分分析将原始多指标降维成少数主成分因子，以主成分因子代替原始指标对样品进行聚类分析。一般主成分聚类分析方法克服了指标之间高度相关性对分类结果的影响，但却忽略了不同主成分因子对分类重要性的客观差异，进而影响到该聚类分析方法的适用性和分类的准确性。

从理论上看，设 F_1，F_2，$\cdots$，$F_s(s \leqslant p)$ 为由 p 维指标向量 $X = (x_1, x_2, \cdots, x_p)$ 提取的主成分因子列向量，I_1，I_2，$\cdots$，I_n 为提取主成分因子后所对应的样品行向量，F_{ij} 表示第 i 个样品的第 j 个主成分因子($i=1$, 2, $\cdots$, n; $j=1$, 2, $\cdots$, s)，则 n 个样品在 s 维空间所构成的数据矩阵为：

$$F = (F_1, F_2, \cdots, F_s) = \begin{pmatrix} I_1 \\ I_2 \\ \vdots \\ I_n \end{pmatrix} = \begin{pmatrix} F_{11} & F_{12} & \cdots & F_{1s} \\ F_{21} & F_{22} & \cdots & F_{2s} \\ \vdots & \vdots & \vdots & \vdots \\ F_{n1} & F_{n2} & \cdots & F_{ns} \end{pmatrix} \tag{3-3}$$

公式（3-3）中，假设所提取主成分因子 F_1，F_2，$\cdots$，F_s 对应的特征根分别为 λ_1，λ_2，$\cdots$，λ_s，且 $\lambda_1 \geqslant \lambda_2 \geqslant \cdots \geqslant \lambda_s$，$\beta_k = \lambda_k / \sum\limits_{k=1}^{s} \lambda_k$ （$k=1$, 2, $\cdots$, s）为主成分因子 F_k 所对应的特征权重，于是有 $\beta_1 \geqslant \beta_2 \geqslant \cdots \geqslant \beta_s$，$\sum\limits_{k=1}^{s} \beta k = 1$。采用一般主成分聚类分析方法所定义的样品 I_i 与样品 I_j 之间的距离为：

$$d_{ij}(q) = \left(\sum_{k=1}^{s} \mid F_{ik} - F_{jk} \mid^q \right)^{\frac{1}{q}} \tag{3-4}$$

公式（3-4）中，$d_{ij}(q)$ 表示样品 I_i 与样品 I_j 之间的距离，$d_{ij}(q)$ 越小表示两样品接近程度越大，$d_{ij}(q)$ 越大表示两样品接近程度越小。不难发现，该距离定义直接将主成分因子代替原始指标进行聚类，在实际运用时存在一个前提假设，即 s 个主成分因子对分类的重要性均相等，即主成分因子的特征权重 $\beta_1 = \beta_2 = \cdots = \beta_s$。然而，由于提取主成分因子时已假设 $\beta_1 \geqslant \beta_2 \geqslant \cdots \geqslant \beta_s$，因此，公式（3-4）样品距离定义的前提假设与主成分因子提取的前提假设相违背，采用主成分因子代替原始指标等权重直接进行聚类，削弱了特征权重较大的第一主成分因子的重要性，放大了特征权重较小的其他主成分因子的重要性，从而导致一般主成分聚类分析方法所得分类结果失真。

为了解决一般主成分聚类分析方法的这一问题，王德青等（2012）提出了基于方差贡献率的加权主成分聚类分析方法，其所定义的样品 I_i 与样品 I_j 之间的距离为：

$$d_{ij}(q) = \Big[\sum_{k=1}^{s} (\beta_k | F_{ik} - F_{jk} |)^q \Big]^{\frac{1}{q}} \qquad (3-5)$$

不难发现，在公式（3-4）的基础上，公式（3-5）进一步考虑了不同主成分因子对分类重要性的客观差异，因而其在各主成分因子前乘以相应的特征权重 β_k，先按特征权重对主成分因子赋权，再对赋权的主成分因子聚类，在一定程度上弥补了一般主成分聚类分析方法在各主成分因子特征权重存在较大差异时的失真问题。在该距离定义中，主成分因子 $F_k(k=1,$ $2, \cdots, s)$ 对距离 $(d_{ij})^q$ 的权重实际上可理解为 $\beta_k^* = (\beta_k)^q / \sum_{k=1}^{s} (\beta_k)^q$，当 $q=1$ 时，有 $\beta_k = \beta_k^*$；但当 $q>1$ 时，有 $\beta_1 \leqslant \beta_1^*$，并且 $\beta_1^*(q)$ 为 q 的单调上升函数。即随着 q 增大，第一主成分因子 F_1 对距离 $(d_{ij})^q$ 的权重 β_1^* 亦增加，而其他主成分因子对距离 $(d_{ij})^q$ 的权重之和 $\sum_{k=2}^{s} \beta_k^*$ 则降低。因此，在 $q>1$ 且第一主成分因子的权重高于其他主成分因子时，公式（3-5）放大了第一主成分因子对分类的重要性，而削弱了其他主成分因子对分类的重要性。下面我们进一步运用数学方法，对此论点进行推理证明。

已知：β_1，β_2，$\cdots$，β_s，$\beta_i > 0$，$\sum\limits_{i=1}^{s} \beta_i = 1$，$\beta_1 \geqslant \beta_2 \geqslant \cdots \geqslant \beta_s > 0$，

$$\beta_i^* = \frac{\beta_i^q}{\sum\limits_{i=1}^{s} \beta_i^q}，\quad \beta_1^* = \frac{\beta_1^q}{\sum\limits_{i=1}^{s} \beta_i^q}$$

求证：（1）当 $q > 1$ 时，$\beta_1 \leqslant \beta_1^*$。

（2）$\beta_1^*(q)$ 为 q 的单调上升函数。

证明（1）：由 $\beta_1 \geqslant \beta_2 \geqslant \cdots \geqslant \beta_s > 0 \ q > 1$

$\beta_1^{q-1} \geqslant \beta_i^{q-1} \quad i = 2, \cdots, s$

$\beta_i \beta_1^{q-1} - \beta_i^q \geqslant 0 (\beta_i > 0)$

$$\Rightarrow \sum\limits_{i=2}^{s} (\beta_i \beta_1^{q-1} - \beta_i^q) \geqslant 0$$

$$\beta_1^{q-1} \sum\limits_{i=2}^{s} \beta_i \geqslant \sum\limits_{i=2}^{s} \beta_i^q$$

$$\because \sum\limits_{i=1}^{s} \beta_i = 1，\ 1 - \beta_1 = \sum\limits_{i=2}^{s} \beta_i$$

$$\therefore \beta_1^{q-1}(1 - \beta_1) \geqslant \sum\limits_{i=2}^{s} \beta_i^q$$

$$\therefore \beta_1^{q-1} - \beta_1^q \geqslant \sum\limits_{i=2}^{s} \beta_i^q$$

$$\therefore \beta_1^{q-1} \geqslant \sum\limits_{i=1}^{s} \beta_i^q$$

$$\therefore \frac{\beta_1^{q-1}}{\sum\limits_{i=1}^{s} \beta_i^q} \geqslant 1 \ \frac{\beta_1^q}{\sum\limits_{i=1}^{s} \beta_i^q} \geqslant \beta 1$$

$$\Rightarrow \beta 1 \leqslant \frac{\beta_1^q}{\sum\limits_{i=1}^{s} \beta_i^q} = \beta_1^*$$

证明（2）：将 β_1^* 看作 q 的函数 $\beta_1^*(q)$

$$\frac{d\beta_1^*(q)}{dq} = \frac{\beta_1^q \ln\beta_1 \sum\limits_{i=1}^{s} \beta_i^q - \beta_1^q \sum\limits_{i=1}^{s} \beta_i^q \ln\beta_i}{\left(\sum\limits_{i=1}^{s} \beta_i^q\right)^2}$$

$$= \frac{\beta_1^q \sum\limits_{i=1}^{s} \beta_i^q (\ln\beta_1 - \ln\beta_i)}{\left(\sum\limits_{i=1}^{s} \beta_i^q\right)^2} (\ln\beta_1 \geqslant \ln\beta_i, \ i = 1, \ 2, \ \cdots, \ s) \geqslant 0$$

$\therefore \beta_1^*(q)$ 为 q 的单调上升函数。

第二节　加权主成分距离聚类分析方法的距离定义和性质

为了解决上述聚类分析方法分类结果在特定情形下的失真问题，本书进一步提出了加权主成分距离聚类分析方法。设 F_1，F_2，$\cdots$，$F_s(s \leqslant p)$ 为由 p 维指标向量 $X = (x_1, \ x_2, \ \cdots, \ x_p)$ 提取的主成分因子列向量，I_1，I_2，$\cdots$，I_n 为提取主成分因子后所对应的样品行向量，F_{ij} 表示第 i 个样品的第 j 个主成分因子（$i=1$, 2, $\cdots$, n; $j=1$, 2, $\cdots$, s），则加权主成分距离的聚类分析方法所定义的样品 I_i 与样品 I_j 之间的距离为：

$$d_{ij}(q) = \left[\sum_{k=1}^{s} \beta_k |F_{ik} - F_{jk}|^q \right]^{\frac{1}{q}} \tag{3-6}$$

公式（3-6）中的 $\beta_k (k=1$, 2, $\cdots$, $s)$ 为主成分因子 F_k 所对应的特征权重，且 $\beta_1 \geqslant \beta_2 \geqslant \cdots \geqslant \beta_s$，$\sum\limits_{k=1}^{s} \beta_k = 1$。与公式（3-5）不同的是，公式（3-6）

并非直接对主成分因子赋权，而是按照各主成分因子所对应的特征权重，对不同主成分因子下的样品距离进行自适应赋权，由此构成的加权主成分距离矩阵为：

$$D = \begin{pmatrix} d_{11} & d_{12} & \cdots & d_{1n} \\ d_{21} & d_{22} & \cdots & d_{2n} \\ \vdots & \vdots & \vdots & \vdots \\ d_{n1} & d_{n2} & \cdots & d_{nn} \end{pmatrix} \tag{3-7}$$

公式（3-7）中，$d_{11} = d_{22} = \cdots = d_{nn} = 0$，$D$ 是一实对称矩阵，所以只需计算上三角形部分（或下三角形部分）。不难发现，本书所定义的加权主成分距离符合下列条件：①非负性：$d_{ij}(q) \geqslant 0$，且 $d_{ij}(q) = 0 \Leftrightarrow I_i = I_j$；②对称性：$d_{ij}(q) = d_{ji}(q)$；③三角不等式：对任意样品 I_i，样品 I_j，样品 I_l，有 $d_{ij}(q) \leqslant d_{il}(q) + d_{lj}(q)$。同时还满足下列性质：

性质（3-1）：设样品 I_i，样品 I_j，样品 I_l 在 s 维空间的坐标分别为 $(F_{i1}, F_{i2}, \cdots, F_{is})$，$(F_{j1}, F_{j2}, \cdots, F_{js})$，$(F_{l1}, F_{l2}, \cdots, F_{ls}) = (F_{i1} + r, F_{i2}, \cdots, F_{is})$，则 $(d_{lj})^q - (d_{ij})^q = \beta_1 (|F_{i1} - F_{j1} + r|^q - |F_{i1} - F_{j1}|^q)$

证明：由公式（3-6）有：

$$(d_{ij})^q = \beta_1 |F_{i1} - F_{j1}|^q + \beta_2 |F_{i2} - F_{j2}|^q + \cdots + \beta_s |F_{is} - F_{js}|^q$$

$$(d_{lj})^q = \beta_1 |F_{i1} - F_{j1} + r|^q + \beta_2 |F_{i2} - F_{j2}|^q + \cdots + \beta_s |F_{is} - F_{js}|^q$$

于是有：

$$(d_{lj})^q - (d_{ij})^q = \beta_1 (|F_{i1} - F_{j1} + r|^q - |F_{i1} - F_{j1}|^q)$$

证毕。

性质（3-2）：设样品 I_i，样品 I_j 在 s 维空间的坐标分别为 $(F_{i1}, F_{i2}, \cdots, F_{is})$，$(F_{j1}, F_{j2}, \cdots, F_{js})$，$I_{l(1)}, I_{l(2)}, \cdots, I_{l(s)}$ 在 s 维空间的坐标分别为 $(F_{i1} + r_1, F_{i2}, \cdots, F_{is})$，$(F_{i1}, F_{i2} + r_2, \cdots, F_{is})$，$\cdots$，$(F_{i1},$

F_{i2}，…，$F_{is} + r_s$），则有 $\left| (d_{l(1)j})^q - (d_{ij})^q \right|$：$\left| (d_{l(2)j})^q - (d_{ij})^q \right|$：…：$\left| (d_{l(s)j})^q - (d_{ij})^q \right| = \beta_1 (\left| F_{i1} - F_{j1} + r_1 \right|^q - \left| F_{i1} - F_{j1} \right|^q)$：$\beta_2 (\left| F_{i2} - F_{j2} + r_2 \right|^q - \left| F_{i2} - F_{j2} \right|^q)$：…：$\beta_s(\left| F_{is} - F_{js} + r_s \right|^q - \left| F_{is} - F_{js} \right|^q)$

证明：由性质（3-1）得：

$$(d_{l(1)j})^q - (d_{ij})^q = \beta_1(\left| F_{i1} - F_{j1} + r_1 \right|^q - \left| F_{i1} - F_{j1} \right|^q)$$

$$(d_{l(2)j})^q - (d_{ij})^q = \beta_2(\left| F_{i2} - F_{j2} + r_2 \right|^q - \left| F_{i2} - F_{j2} \right|^q)$$

$$\vdots$$

$$(d_{l(s)j})^q - (d_{ij})^q = \beta_s(\left| F_{is} - F_{js} + r_s \right|^q - \left| F_{is} - F_{js} \right|^q)$$

于是有：

$\left| (d_{l(1)j})^q - (d_{ij})^q \right|$：$\left| (d_{l(2)j})^q - (d_{ij})^q \right|$：…：$\left| (d_{l(s)j})^q - (d_{ij})^q \right| = \beta_1(\left| F_{i1} - F_{j1} + r_1 \right|^q - \left| F_{i1} - F_{j1} \right|^q)$：$\beta_2(\left| F_{i2} - F_{j2} + r_2 \right|^q - \left| F_{i2} - F_{j2} \right|^q)$：…：$\beta_s(\left| F_{is} - F_{js} + r_s \right|^q - \left| F_{is} - F_{js} \right|^q)$

证毕。

由此可见，公式（3-6）按照主成分因子 F_k 所对应的特征权重 β_k，对各主成分因子下的样品距离自适应赋权，并未改变各主成分因子对分类重要性的比例关系。因此，在满足主成分分析方法适用前提的条件下，运用本书所定义的加权主成分距离进行聚类分析是科学合理的。

加权主成分距离聚类分析方法的基本思想是：由各主成分因子的方差贡献率（或特征根）计算出主成分因子的特征权重。主成分因子的特征权重越大，其对分类的作用越大，该主成分因子在空间中的坐标轴应该进行较大拉伸；主成分因子的特征权重越小，其对分类的作用越小，该主成分因子在空间中的坐标轴应该进行较大缩减。并且，这种拉伸或缩减并不改变各主成分因子对分类重要性的比例关系。

加权主成分距离的聚类分析方法的操作步骤如下：

步骤1：比较原始指标数据数量级和离散程度的差异，以判断对数据的进一步分析是采用标准化处理后的无量纲数据还是采用非标准化的原始指标数据。

步骤2：计算指标的相关系数矩阵，进行巴特莱特球形检验（以下简称Bartlett球形检验）和凯泽—梅耶尔—奥利金检验（以下简称KMO检验），以判断样品数据是否适宜进行主成分分析，如适宜则进入步骤3。

步骤3：进行主成分分析，计算相关系数矩阵或协方差矩阵的特征根和特征向量，以及各主成分因子的贡献率和累计方差贡献率，提取主成分因子，并结合因子载荷矩阵对所提取的主成分因子进行命名。

步骤4：将所提取的主成分因子代替原始指标，并采用本书所定义的加权主成分距离公式（3-6）为分类统计量进行分类，然后再结合聚类分析谱系图和实际需要确定样品的所属类别。

步骤5：确定样品的所属类别后，还可以进一步计算各类别的主成分因子得分及主成分综合得分，进而计算出样品的所属类别的主成分因子得分均值及主成分综合得分均值。

第三节　加权主成分距离聚类
分析方法的适用条件

在进行聚类分析时，聚类分析方法的选择是十分重要的，它直接影响到分类结果的准确性和可靠性。如果不满足某聚类分析方法的应用条件，那么选用该聚类分析方法则是不适宜的，分类结果极有可能产生较大的偏误，甚至得到与实际完全不符的结论。因此，对加权主成分距离聚类分析方法适用条件的探讨也是一个关键性的问题。加权主成分距离聚类分析方法作为一种基于主成分分析的聚类分析方法，其可靠应用的首要前提便是满足主成分分析的前提条件，下面对此展开具体论述。

设 $X = (X_1, X_2, \cdots, X_P)'$ 是 p 维向量，均值 $E(X) = \mu$，协方差 $D(X) = \sum$，X 的 p 个向量 $x_1, x_2, \cdots, x_P$ 线性组合为：

$$\begin{cases} F_1 = a_{11}X_1 + a_{21}X_2 + \cdots + a_{p1}X_P \triangleq a'_1 X \\ F_2 = a_{12}X_1 + a_{22}X_2 + \cdots + a_{p2}X_P \triangleq a'_2 X \\ \qquad\qquad \cdots \\ F_p = a_{1p}X_1 + a_{2p}X_2 + \cdots + a_{pp}X_P \triangleq a'_p X \end{cases} \tag{3-8}$$

公式（3-8）要求：①$a'_i a_i = 1 (i = 1, 2, \cdots, p)$；②当 $i > 1$ 时，$Cov(F_i, F_j) = 0 (j = 1, 2, \cdots, i-1)$；③$Var(F_i) = \max\limits_{a'a = 1, Cov(F_i, F_j) = 0} Var(a'x) (j = 1, 2, \cdots, i-1)$。因此，求主成分即为找出 X 的函数 $a'X$ 使 $Var(a'X)$ 达到最大，且 $a'a = 1$。而 $Var(a'X) = E[a'X - E(a'X)][a'X - E(a'X)]' = a' \sum a$，设 $\sum$ 的特征根为 $\lambda_1 \geq \lambda_2 \geq \cdots \geq \lambda_p > 0$，特征向量为 $u_1, u_2, \cdots, u_p$。令：

$$\underset{p \times p}{U} = (u_1, u_2, \cdots, u_p) = \begin{bmatrix} u_{11} & u_{12} & \cdots & u_{1p} \\ u_{21} & u_{22} & \cdots & u_{2p} \\ \vdots & \vdots & \vdots & \vdots \\ u_{p1} & u_{p2} & \cdots & u_{pp} \end{bmatrix} \tag{3-9}$$

由公式（3-9）可知，$U'U = UU' = I$，且

$$\sum = U \begin{bmatrix} \lambda_1 & & & 0 \\ & \lambda_2 & & \\ 0 & & \ddots & \\ & & & \lambda_P \end{bmatrix} U' = \sum_{i=1}^{p} \lambda_i u_i u'_i \tag{3-10}$$

因此，$a'\sum a = \sum_{i=1}^{p} \lambda_i a' u_i u_i' a = \sum_{i=1}^{p} \lambda_i (a'u_i)(a'u_i)' = \sum_{i=1}^{p} \lambda_i (a'u_i)^2$，所以，

$a'\sum a \leqslant \lambda_1 \sum_{i=1}^{p} \lambda_i (a'u_i)^2 = \lambda_1 (a'U)(a'U)' = \lambda_1 a'UU'a = \lambda_1 a'a = \lambda_1$，而且，当

$a = u_1$ 时，有 $u_1' \sum u_1 = u_1' (\sum_{i=1}^{p} \lambda_i u_i u_i') u_1 = \sum_{i=1}^{p} \lambda_i u_1' u_i u_i' u_1 = \lambda_1 (u_1' u_1)^2 = \lambda_1$。可

见，$a = u_1$ 使 $Var(a'X) = a'\sum a$ 达到最大值，且 $Var(u_1'X) = u_1' \sum u_1 = \lambda_1$。

同理，$Var(u_i'X) = \lambda_i$，而且在 $i \neq j$ 时，有：

$$Cov(u_i'X, u_j'X) = u_i' \sum u_j = u_i' \left[\sum_{\alpha=1}^{p} \lambda_\alpha u_\alpha u_\alpha' \right] u_j = 0 \qquad (3-11)$$

由公式（3-11）可知，X_1，X_2，$\cdots$，X_p 的主成分因子为以 $\sum$ 的特征向量为系数的线性组合，方差为 $\sum$ 的特征根。由于 $\lambda_1 \geqslant \lambda_2 \geqslant \cdots \geqslant \lambda_p > 0$，所以 $VarF_1 \geqslant VarF_2 \geqslant \cdots \geqslant VarF_p > 0$。

在实际应用中，一般不取 p 个主成分因子，而以特征根大于 1 为主成分因子提取标准[①]，同时满足前 k 个主成分因子（k 为特征根大于 1 的个数）的累计方差贡献率 $\sum_{i=1}^{k} \lambda_i / \sum_{i=1}^{p} \lambda_i$ 达到 80% 以上，这意味着前 k 个主成分因子的代表性较好，且包含了样品空间绝大部分信息。

此外，根据傅德印（2007）的研究，主成分分析中变量变换的目的是根据实际情况选择出重要的信息量（前几个主成分因子），以便在此基础上进行进一步的分析[73-74]。要进行这样的分析实际上隐含了原始指标中存在着并且能够综合出重要信息的假设。为此，在应用主成分分析之前，就需要对相应的假设进行统计检验。具体的检验方法有 Bartlett 球形检验和 KMO 检验等。

Bartlett 球形检验是从整个相关矩阵进行的检验，其理论依据源于多元

---

① 如果某主成分的特征根小于 1，表示该主成分的代表性不足，从所有原始变量中提取的所有变量还不如一个原始变量。所以，在统计分析中常用"特征根大于 1"作为提取主成分的标准，是为了主成分能达到将原始变量降维的目的。

正态总体协方差矩阵的检验理论。协方差矩阵检验的原假设是相关矩阵为单位阵，如果不能拒绝原假设，说明原始变量之间相互独立，不适合进行主成分分析。协方差矩阵检验的主要内容包括：对总体协方差矩阵 Σ 与已知协方差矩阵 Σ_0 相等的检验，对总体协方差矩阵 Σ 中的元素是否均为已知协方差矩阵 Σ_0 中元素的 σ^2 倍的检验，以及检验多个总体的协方差矩阵都相等的检验等。进行 Bartlett 球形检验时，可以根据检验统计量公式计算得概率 P 值，若概率 P 值小于 0.05 时则拒绝原假设，认为原始指标数据适合进行主成分分析。相反，若概率 P 值大于 0.05 时，则认为原始指标数据不适合进行主成分分析。

KMO 检验是从比较原始指标之间的简单相关系数和偏相关系数的相对大小出发来进行的检验。当所有指标之间的偏相关系数的平方和，远远小于所有指标之间的简单相关系数的平方和时，指标之间的偏相关系数很小，KMO 检验统计量的值接近于 1，认为原始指标数据适合进行主成分分析。反之，当所有指标之间的偏相关系数的平方和，远远大于所有指标之间的简单相关系数的平方和时，指标之间的偏相关系数很大，KMO 检验统计量的值接近于 0，则认为原始指标数据不适合进行主成分分析。KMO 检验统计量的计算公式为：

$$\text{KMO} = \frac{\sum\sum_{i\neq j} r_{ij}^2}{\sum\sum_{i\neq j} r_{ij}^2 + \sum\sum_{i\neq j} \alpha_{ij}^2} \qquad (3-12)$$

公式（3-12）中，r_{ij} 表示简单相关系数，α_{ij} 表示偏相关系数。不难得出，当 α_{ij} 趋近于 0 时，KMO 检验统计量的值接近于 1；当 α_{ij} 趋近于 1 时，KMO 检验统计量的值接近于 0；因此，KMO 检验统计量的取值范围介于 0 到 1。Kaiser 和 Rice（1974）给出了一个是否适合进行主成分分析的 KMO 检验统计量度量标准[75]，如表 3-1 所示。

表 3-1　KMO 检验统计量度量标准

KMO 检验统计量的值	主成分分析的效果
$[0.90, 1.00)$	极好
$[0.80, 0.90)$	很好
$[0.70, 0.80)$	较好
$[0.60, 0.70)$	较差
$[0.50, 0.60)$	很差
$[0.00, 0.50)$	极差

由此可见，使用主成分分析需要具备一定的前提条件，当原始指标数据的各个指标之间具有较强线性相关的关系时，主成分分析是适用的。当原始指标间线性相关的程度很小时，则不存在简化的数据结构，这时使用主成分分析是不合适的。因此，鉴于主成分分析的上述前提条件，在下面章节的分析中，我们将参考已有研究，以特征根大于 1、累计方差贡献率达到 80%以上、Bartlett 球形检验统计量对应的概率 P 值小于 0.05 且 KMO 检验统计量的值大于 0.7 作为运用加权主成分距离聚类分析方法的前提条件。如果满足该前提条件，则运用加权主成分距离聚类分析方法进行分类的预期效果良好，因此在这种情景下选择该聚类分析方法是适宜的。如果不满足该前提条件，则运用加权主成分距离聚类分析方法进行分类的预期效果可能还不如传统的系统聚类分析方法或者仅采用第一主成分因子进行聚类，因此在这种情景下不适宜采用加权主成分距离聚类分析方法。当然，与进行主成分分析的前提条件并不绝对、唯一的，本书所给出的加权主成分距离聚类分析方法的适用条件也并不是绝对、唯一的，这也只是我们根据主成分分析的原理和实际应用中的经验所选择出的一个具体标准，仅供读者在学习和研究时参考使用。

第四章　加权主成分距离聚类分析方法的仿真模拟

第一节 主成分因子代表性较好情景下的仿真模拟

为了检验加权主成分距离聚类分析方法在主成分因子代表性较好情景下的分类效果及有效性，本节以美国加利福尼亚大学尔湾分校国际常用标准测试数据集中的小麦籽粒数据集作为实验数据进行仿真模拟[76]，具体原始指标数据如附表1所示。小麦籽粒数据分别随机取自三个不同品种的小麦籽粒：卡玛（Kama）、罗萨（Rosa）和加拿大（Canadian），每个品种的小麦籽粒各有70条样品记录，合计共有210条样品记录，每条样品记录有七个属性：面积（Area）、周长（Perimeter）、紧凑度（Compactness）、内核长度（Length of Kernel）、内核宽度（Width of Kernel）、偏度系数（Asymmetry Coefficient）、核槽长度（Length of Kernel Groove）。由于已知三种小麦籽粒的所属品种，本节将分别运用传统的系统聚类分析方法、第一主成分聚类分析方法、一般主成分聚类分析方法、王德青等（2012）提出的加权主成分聚类分析方法和本书提出的加权主成分距离聚类分析方法对这210条样品记录进行分类，并将各聚类分析方法所计算的分类结果与其实际所属品种相对比，以错分率作为标准判断各聚类分析方法的优劣。为了更为直观地分析七个属性对小麦籽粒所属品种区分程度的不同，首先绘制七个属性关于所有观测样品的分布散点图，如图4-1所示。

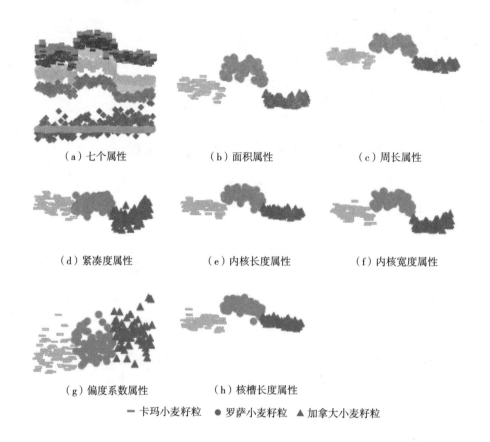

（a）七个属性　　　　　　（b）面积属性　　　　　　（c）周长属性

（d）紧凑度属性　　　　　（e）内核长度属性　　　　（f）内核宽度属性

（g）偏度系数属性　　　　（h）核槽长度属性

— 卡玛小麦籽粒　　● 罗萨小麦籽粒　　▲ 加拿大小麦籽粒

图4-1　小麦籽粒数据集七个属性观测值的分布散点图

　　由图4-1可以看出，除偏度系数属性外的其他六个属性的分布散点图均较为相似，说明原始指标之间的信息可能存在高度重叠，如果采用传统的系统聚类分析方法对样品直接进行分类，分类统计量将会对同类指标重复计算，从而过于放大共性指标的作用，淹没了独立指标的贡献，导致难以解释的分类结果。因此，应用主成分分析法对小麦籽粒数据提取主成分因子，并进行KMO检验和Bartlett球形检验。计算出Bartlett球形检验统计量的值为3623.407，对应的概率值接近于0，可以认为相关系数矩阵与单位阵有显著差异。同时，KMO检验统计量的值为0.788，表明指标之间确实存在高度相关性，根据 Kaiser 和 Rice（1974）给出的是否适合进行主成分分析的 KMO 检验统计量度量标准可知，原始指标数据适合进行主成分因子分析。应用主成分分析法提取主成分因子，按照特征根≥1 且累计方差贡献率≥80% 的原则，提取了两个主成分因子，所提取主成分因子的特征根、方差贡献率和因子载荷矩阵如表 4-1 所示，主成分因子的分布散点图如图 4-2 所示。

表 4-1　主成分分析结果

		第一主成分因子	第二主成分因子
特征根		5.031	1.198
方差贡献率（%）		71.874	17.108
特征权重（%）		80.774	19.226
因子载荷	面积	0.997	0.029
	周长	0.99	0.092
	紧凑度	0.621	−0.579
	内核长度	0.95	0.225
	内核宽度	0.971	−0.128
	偏度系数	−0.266	0.785
	核槽长度	0.868	0.413
因子命名		大小与饱满程度因子	形态结构因子

表 4-1 结果显示，所提取两个主成分因子的累计方差贡献率达到了 88.982%，能够反映原指标变量绝大多数信息。第一主成分因子所含信息量是第二主成分因子的四倍有余，说明两个主成分因子对分类重要性的差异较大。第一主成分因子在面积、周长、紧凑度、内核长度、内核宽度和核槽长度六个属性上的荷载值都很大，这些属性主要反映小麦籽粒的大小和饱满性，我们称之为大小与饱满程度因子，第二主成分因子在偏度系数属

性上的荷载值很大，主要反映小麦籽粒的不对称性，我们称之为形态结构因子。

从图 4-2 主成分因子的分布散点图同样也可以看出，第一主成分因子在坐标上数据点的分散性比较大，类与类之间的界限明显，说明第一主成分因子所含信息量相对较大，在聚类分析中对分类结果的影响应更大。第二主成分因子在坐标上数据点的分布更为密集，类与类之间的界限不易辨认，说明第二主成分因子所含信息量相对较小，对正确区分出三个品种的作用较第一主成分因子要小。因此，如果忽略两个主成分因子对分类重要

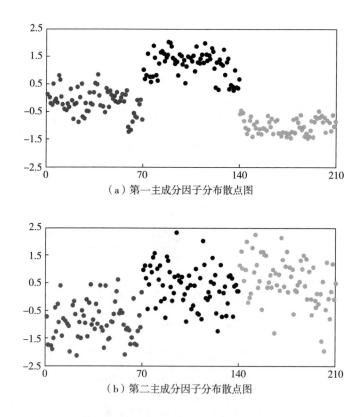

（a）第一主成分因子分布散点图

（b）第二主成分因子分布散点图

图 4-2　主成分因子的分布散点图

性的客观差异，而只是采用一般主成分聚类分析方法对两个主成分因子等权重直接进行聚类，一方面无法显现出第一主成分因子对于提高分类质量的突出作用；另一方面还会过于放大第二主成分因子的作用，导致低效率的分类结果。而如果采用加权主成分聚类分析方法，先按特征权重对主成分因子赋权，再对赋权的主成分因子进行聚类，虽然考虑了不同主成分因子对分类重要性的客观差异，但其放大了第一主成分因子对分类的重要性，分类结果的精度亦难以保证。

　　进一步地，分别运用传统的系统聚类分析方法、第一主成分聚类分析方法、一般主成分聚类分析方法、加权主成分聚类分析方法和加权主成分距离聚类分析方法对标准化处理后的小麦籽粒无量纲数据进行聚类分析。考虑到采用不同的距离度量方法，所得到的分类结果是存在差异的，并且欧几里得距离是目前最常见的距离度量，因此为了增强各聚类分析方法之间的对比效果，我们统一测算并对比了类内距离（样品之间的距离）度量为平方欧几里得距离、类与类之间的距离度量为离差平方和法情形下各种聚类分析方法的分类效果及有效性，进而根据测算结果并以此类别划分标准将小麦籽粒分为三类，并与其实际所属品种相对比，以错分率作为标准判断各聚类分析方法的优劣，分类对比结果如表4-2所示。

　　由表4-2可以看出，采用传统的系统聚类分析方法进行分类的错分率为12.857%，采用第一主成分聚类分析方法进行分类的错分率为18.095%，采用一般主成分聚类分析方法进行分类的错分率为10.476%，采用加权主成分聚类分析方法进行分类的错分率为15.714%，采用加权主成分距离聚类分析方法进行分类的错分率为7.143%。可见，在对小麦籽粒分类的仿真模拟中，以错分率为标准，各聚类分析方法分类效果的优劣次序依次是加权主成分距离聚类分析方法、一般主成分聚类分析方法、传统的系统聚类分析

表4-2 各聚类分析方法的分类结果

聚类分析方法 / 编号 品种	传统的系统聚类分析方法			第一主成分聚类分析方法			一般主成分聚类分析方法			加权主成分聚类分析方法			加权主成分距离聚类分析方法		
	卡玛	罗萨	加拿大	卡玛	罗萨	加拿大	卡玛	罗萨	加拿大	卡玛	罗萨	加拿大	卡玛	罗萨	加拿大
1	50	5	2	59	24	3	53	2	3	57	19	1	61	2	4
2	1	65	0	0	46	0	9	68	0	0	51	0	5	68	0
3	19	0	68	11	0	67	8	0	67	13	0	69	4	0	66
错分率（%）	12.857			18.095			10.476			15.714			7.143		

方法、加权主成分聚类分析方法和第一主成分聚类分析方法。

需要指出的是，根据本节对小麦籽粒分类的仿真模拟结果可以看出，一方面，第一主成分聚类分析方法的分类效果最差，加权主成分聚类分析方法的分类效果也并不理想，错分率明显高于其他三种聚类分析方法。结合表 4-1 的主成分分析结果可以看出，其原因在于本节所提取的两个主成分因子信息含量分别为 71.874% 和 17.108%，在第二主成分因子信息含量不容忽略的情况下，如果仍采用第一主成分聚类分析方法或加权主成分聚类分析方法进行分类，则会过于放大第一主成分因子的重要性，舍弃或削弱第二主成分因子的作用，导致分类结果不理想。而采用传统的系统聚类分析方法和一般主成分聚类分析方法的分类效果相对较好，虽然传统的系统聚类分析方法忽视了指标之间的高度相关性，一般主成分聚类分析方法忽略了各主成分因子对分类重要性的客观差异，但在本节对小麦籽粒分类的仿真模拟结果中，这两种聚类分析方法的错分率仍明显低于第一主成分聚类分析方法和加权主成分聚类分析方法。另一方面，仿真模拟结果表明采用加权主成分距离聚类分析方法的分类效果最好，加权主成分距离聚类分析方法同时解决了传统的系统聚类分析方法、一般主成分聚类分析方法、加权主成分聚类分析方法和第一主成分聚类分析方法存在的问题，分类效果明显提高。

此外，在本节对小麦籽粒分类的仿真模拟结果中，虽然采用一般主成分聚类分析方法进行分类的错分率略小于传统的系统聚类分析方法，但这并不意味着在主成分因子代表性较好的情景下，一般主成分聚类分析方法的分类效果必然优于传统的系统聚类分析方法，因为在第一主成分因子与其他主成分因子信息含量相差较大的情况下，以主成分因子代替原始指标等权重直接进行聚类并不一定会提高分类质量，反而可能会由于降低了第一主成分因子对分类的重要性，而使得一般主成分聚类分析方法的分类效果差于传统的系统聚类分析方法。相对传统的系统聚类分析方法，一般主成分聚类分析方法克服了指标之间的共线性影响，当主成分因子的信息含量相差不大时，一般主成分聚类分析方法会提高分类的准确度。但当主成分因子的重要性相差悬殊时，一般主成分聚类分析方法的分类效果并不一定会优于传统的系统聚类分析方法。

第二节　主成分因子代表性不足情景下的仿真模拟

为了检验加权主成分距离聚类分析方法在主成分因子代表性不足情景下的分类效果及有效性，本节以美国加利福尼亚大学尔湾分校国际常用标准测试数据集中的鸢尾花卉数据集作为实验数据进行仿真模拟[77]，具体原始指标数据如附表 2 所示。鸢尾花卉数据分别随机取自三个不同品种的鸢尾花卉：山鸢尾（Iris-setosa）、杂色鸢尾花卉（Iris-versicolor）和维吉尼亚鸢尾花卉（Iris-virginica），每个品种的鸢尾花卉各有 50 条样品记录，合计共有 150 条样品记录，每条样品记录有四个属性：萼片长度（Sepal Length）、萼片宽度（Sepal Width）、花瓣长度（Petal Length）、花瓣宽度（Petal Width）。由于已知三种鸢尾花卉的所属品种，本节将分别运用传统的系统聚类分析方法、第一主成分聚类分析方法、一般主成分聚类分析方法、加权主成分聚类分析方法和加权主成分距离聚类分析方法对这 150 条样品记录进行分类，并将各聚类分析方法所计算的分类结果与其实际所属品种相对比，以错分率作为标准判断各聚类分析方法的优劣。为了更为直观地分析四个属性对鸢尾花卉所属品种区分程度的不同，首先绘制四个属性关于所有观测样品的分布散点图，如图4-3所示。

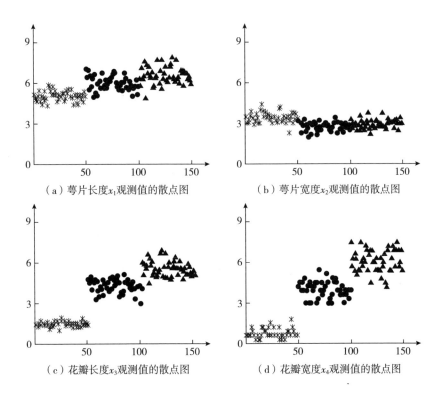

（a）萼片长度x_1观测值的散点图   （b）萼片宽度x_2观测值的散点图

（c）花瓣长度x_3观测值的散点图   （d）花瓣宽度x_4观测值的散点图

图4-3 鸢尾花卉数据集四个属性观测值的分布散点图

由图4-3可以看出，鸢尾花卉数据集中的数据点在萼片宽度坐标系中的分布与横坐标基本平行，说明三个不同品种鸢尾花卉的萼片宽度数据十分接近，各品种之间的界限很不明显，采用萼片宽度属性指标很难正确区分鸢尾花卉的所属品种。而花瓣长度和花瓣宽度坐标系上数据点的分布呈现出十分明显的斜度，萼片长度坐标系上数据点的分布则略有倾斜，说明三个不同品种鸢尾花卉的花瓣长度和花瓣宽度数据差异较大，萼片长度数据差异相对较小，花瓣属性是有效地区分出鸢尾花卉所属品种的最重要指标，但萼片长度指标的信息亦不容忽视。因此，如果忽略花瓣属性指标、萼片长度指标、萼片宽度指标对分类效率的差异，而采用传统的系统聚类分析方法等权重用原始属性指标进行聚类，则相当于将四个原始指标视为同等重要，这一方面显现不出花瓣属性指标对于分类质量提升的重要作用，另一方面还会夸大萼片长度指标、萼片宽度指标对分类的重要性，从而降低分类精度。因此，应用主成分分析法对鸢尾花卉数据提取主成分因子，并进行 KMO 检验和 Bartlett 球形检验。计算出 Bartlett 球形检验统计量的值为 706.361，对应的概率值接近于 0，可以认为相关系数矩阵与单位阵有显著差异。同时，KMO 检验统计量的值为 0.536，表明指标之间存在一定的相关性，但相关性不强，主成分分析的效果不理想。根据 Kaiser 和 Rice（1974）给出的是否适合进行主成分分析的 KMO 检验统计量度量标准可知，原始指标数据不满足"KMO 检验统计量的值大于 0.7"的主成分分析条件，不适合进行主成分分析。

根据上文主成分分析检验结果可知，KMO 检验统计量的值小于 0.7，说明鸢尾花卉原始指标数据并不满足主成分分析的前提条件，采用加权主成分距离聚类分析方法进行分类是不适宜的。但为了检验加权主成分距离聚类分析方法在主成分因子代表性不足情景下的分类效果及有效性，我们将仍然运用加权主成分距离聚类分析方法对这三个不同品种的鸢尾花卉数据进行分类。应用主成分分析所计算的主成分因子特征根、方差贡献率和因子载荷矩阵如表 4-3 所示。表 4-3 结果显示，第一主成分因子和第二主成分因子的累计方差贡献率达到了 95.801%，能够反映原指标变量绝大多数信息，但第二主成分因子的特征根略为 0.921，不满足特征根大于 1 的原则，说明第二主成分因子的代表性不足。但如果舍弃第二主成分因子，仅采用第一主成分因子进行分类，则其方差贡献率仅为 72.770%，又不满足累计方差贡献率≥80%的原则。这一结果再次说明鸢尾花卉原始指标数据不满足"特征根大于 1、累计方差贡献率达到 80%以上、Bartlett 球形检验统计量对应的概率 P 值小于 0.05 且 KMO 检验统计量的值大于 0.7"的主成分分析前提条件，运用加权主成分距离聚类分析方法进行分类是不适宜的。

表4-3 主成分分析结果

		第一主成分因子	第二主成分因子
特征根		2.911	0.921
方差贡献率（%）		72.770	23.031
特征权重（%）		75.960	24.040
因子载荷	萼片长度	0.891	0.357
	萼片宽度	−0.449	0.888
	花瓣长度	0.992	0.020
	花瓣宽度	0.965	0.063
因子命名		花瓣与萼片长度因子	萼片宽度因子

鉴于研究需要，这里我们仍然保留了第二主成分因子继续进行分析，以便在下文进一步比较加权主成分距离聚类分析方法与传统的系统聚类分析方法、第一主成分聚类分析方法、一般主成分聚类分析方法、加权主成分聚类分析方法在主成分因子代表性不足情景下的分类效果及有效性，以及验证本书对加权主成分距离聚类分析方法适用条件设定的合理性。从表4-3 还可以看出，第一主成分因子在萼片长度、花瓣长度、花瓣宽度三个属性上的荷载值都很大，我们称之为花瓣与萼片长度因子，第二主成分因子在萼片宽度属性上的荷载值很大，我们称之为萼片宽度因子。第一主成分

因子所含信息量是第二主成分因子的三倍有余，说明两个主成分因子对分类重要性的差异很大。

进一步地，更为直观地绘制主成分因子的分布散点图，如图 4-4 所示。从图 4-4 中同样可以看出，第一主成分因子在坐标上数据点的分散性比较大，类与类之间的界限明显，说明第一主成分因子所含信息量相对较大，在聚类分析中对分类结果的影响应更大；第二主成分因子在坐标上数据点的分布更为密集，类与类之间的界限不易辨认，说明第二主成分因子所含信息量相对较小，对正确区分出三个品种的作用较第一主成分因子要小。

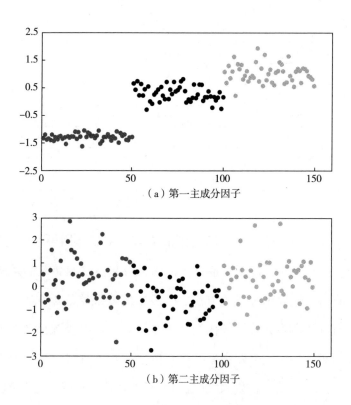

（a）第一主成分因子

（b）第二主成分因子

图 4-4　主成分因子的分布散点图

提取出上述两个主成分因子后，分别运用传统的系统聚类分析方法、第一主成分聚类分析方法、一般主成分聚类分析方法、加权主成分聚类分析方法和加权主成分距离聚类分析方法对标准化处理后的鸢尾花卉无量纲数据进行聚类分析。考虑到采用不同的距离度量方法，所得到的分类结果是存在差异的，并且欧几里得距离是目前最常见的距离度量，因此为了增强各聚类分析方法之间的对比效果，我们统一测算并对比了类内距离（样品之间的距离）度量为平方欧几里得距离、类与类之间的距离度量为离差平方和法情形下各种聚类分析方法的分类效果及有效性，进而根据测算结果并以此类别划分标准将鸢尾花卉分为三类，并与其实际所属品种相对比，以错分率作为标准判断各聚类分析方法的优劣，分类对比结果如表 4-4 所示。

由表 4-4 可以看出，采用传统的系统聚类分析方法进行分类的错分率为 10.667%，采用第一主成分聚类分析方法进行分类的错分率为 8.667%，采用一般主成分聚类分析方法进行分类的错分率为 20.667%，采用加权主成分聚类分析方法进行分类的错分率为 12.000%，采用加权主成分距离聚类分析方法进行分类的错分率为 19.333%。可见，在对鸢尾花卉分类的仿真模拟中，以错分率为标准，各聚类分析方法分类效果的优劣次序依次是第一主成分聚类分析方法、加权主成分聚类分析方法、传统的系统聚类分析方法、加权主成分距离聚类分析方法和一般主成分聚类分析方法。

需要指出的是，根据本节对鸢尾花卉分类的仿真模拟结果可以看出，一方面，在第二主成分因子代表性不足的情景下，采用第一主成分聚类分析方法的错分率最低，分类效果最为理想。另一方面，由于一般主成分聚类分析方法、加权主成分距离聚类分析方法、加权主成分聚类分析方法在进行分类时均采用了代表性不足的第二主成分因子，所以这些聚类分析方法

表4-4　各聚类分析方法的分类结果

聚类分析方法 品种	传统的系统聚类分析方法			第一主成分聚类分析方法			一般主成分聚类分析方法			加权主成分聚类分析方法			加权主成分距离聚类分析方法		
编号	山鸢尾	杂色鸢尾	维吉尼亚鸢尾	山鸢尾	杂色鸢尾	维吉尼亚鸢尾	山鸢尾	杂色鸢尾	维吉尼亚鸢尾	山鸢尾	杂色鸢尾	维吉尼亚鸢尾	山鸢尾	杂色鸢尾	维吉尼亚鸢尾
1	50	0	0	50	0	0	49	1	0	50	0	0	50	0	0
2	0	49	1	0	38	12	0	40	10	0	33	17	0	41	9
3	0	15	35	0	1	49	0	20	30	0	1	49	0	20	30
错分率（%）	10.667			8.667			20.667			12.000			19.333		

的分类效果反而不如传统的系统聚类分析方法。此外，仿真模拟结果还表明，在上述三种采用了第二主成分因子的主成分聚类分析方法当中，由于一般主成分聚类分析方法夸大了第二主成分因子对分类的作用、加权主成分距离聚类分析方法真实反映了第二主成分因子对分类的作用（但第二主成分因子代表性不足，分类效果较差）、加权主成分聚类分析方法降低了第二主成分因子对分类的作用，因此随着上述聚类分析方法在进行分类时第二主成分因子作用的降低，其错分率也呈现出逐渐降低的特征，从而使得加权主成分聚类分析方法的分类效果优于加权主成分距离聚类分析方法，加权主成分距离聚类分析方法的分类效果优于一般主成分聚类分析方法。由此可见，在主成分因子代表性不足的情景下，加权主成分距离聚类分析方法的分类效果并不理想，而第一主成分聚类分析方法（第一主成分因子方差贡献率很大、其他主成分因子方差贡献率较小时）或传统的系统聚类分析方法（第一主成分因子方差贡献率不大时）则具有更好的分类效果。

第五章　加权主成分距离聚类
分析方法的实践应用

第一节　中国各省份经济发展质量分类评价①

在第四章中，我们在已知样品先验信息的条件下通过仿真模拟探讨了加权主成分距离聚类分析方法的分类效果及有效性。然而，聚类分析作为一种不需要预先指定类别的、无监督的分类方法，可以在没有任何先验信息的指导下，从数据集中发现潜在的相似模式，对数据集进行分类，以使得类别相同的样品数据之间的相似性尽可能地大（或差异性尽可能地小），同时类别不同的样品数据之间的相似性尽可能地小（或差异性尽可能地大）。那么，在无先验类别标准的实践领域如何检验和评价加权主成分距离聚类分析方法的分类效果及有效性呢？

为了更好地检验和评价加权主成分距离聚类分析方法，本节进一步将加权主成分距离聚类分析方法应用于主成分因子代表性较好情景下无先验类别标准的实践领域，即运用加权主成分距离聚类分析方法对 2014 年中国各省份经济发展质量进行分类，从定性比较与统计检验两个层面检验在主成分因子代表性较好情景下加权主成分距离聚类分析方法在实践应用中的分类效果及有效性，进而以加权主成分距离聚类分析方法所得分类结果为基准，对各类别省份经济发展质量进行主成分综合评价，并指出各类别省份经济发展的侧重点，提出对策建议。

---

① 本章中各省份不含港澳台地区。

一、指标体系构建与主成分因子提取

1. 指标体系构建

对经济发展质量的评估是一个动态的过程，不同阶段的经济发展方式是不同的，唯有以经济发展的阶段性特征为基础，选择科学的评价指标和评价方法，才能有针对性地对中国各省份经济发展质量进行科学评价。当前，中国经济发展正在步入以"中高速、优结构、新动力、多挑战"为特征的新常态，因此借鉴已有研究并结合经济新常态的基本特征，分别从经济发展水平、产业结构、需求结构、城乡区域结构、创新效率、可持续发展六大方面着手，构建中国各省份经济发展质量评价指标体系[77-79]，指标体系中的各级指标如表 5-1 所示，指标体系中各二级指标数据均来源于2015 年《中国统计年鉴》《中国科技统计年鉴》和《中国环境统计年鉴》，并且在计算过程中对数据进行了标准化处理。

表 5-1 中国各省份经济发展质量评价指标体系

维度	一级指标	二级指标	单位
中高速	经济发展水平	人均 GDP（X1）	元
优结构	产业结构	第一产业增加值占 GDP 比重（X2）	%
		第三产业增加值占 GDP 比重（X3）	%
	需求结构	居民消费占 GDP 比重（X4）	%
	城乡区域结构	城市化率（X5）	%
		农村与城镇人均收入比（X6）	%
新动力	创新效率	R&D 经费投入占 GDP 比重（X7）	%
		单位资本产出（X8）	倍
		千人专利申请量（X9）	件
多挑战	可持续发展	单位二氧化硫排放产值（X10）	万元/吨
		万元 GDP 能耗降低率（X11）	%

对表 5-1 中各级指标的具体说明如下：

（1）经济发展水平：人均 GDP 是衡量一国（地区）经济发展水平的基本指标，人均 GDP 处于不同阶段的地区，其经济发展驱动力也有显著差异。因此，以人均 GDP 反映经济发展水平。

（2）产业结构：根据佩蒂—克拉克定律，随着经济的发展，劳动力将呈现首先由第一产业向第二产业转移，然后再向第三产业转移的演进趋势。因此，以第一产业增加值占 GDP 的比重、第三产业增加值占 GDP 的比重反映产业结构状况。

（3）需求结构：当前中国经济结构存在的一个重要问题就是消费需求不足，经济增长过于依赖投资需求。令人担忧的是，这种过度依赖高额固定资产投资的模式，已成为全国众多地区促进经济增长的主要动力。因此，以居民消费占 GDP 的比重反映需求结构的协调状况。

（4）城乡区域结构：城乡区域协调发展是实现经济发展方式转变的内在要求和重要内容。因此，以农村与城镇人均收入比和城市化率反映各地区城乡区域结构状况。

（5）创新效率：促进经济发展应由主要依靠增加物质资源消耗向主要依靠科技进步、劳动者素质提高、管理创新转变。因此，以研究与试验发展（R&D）经费投入占 GDP 比重、单位资本产出与千人专利申请量反映科技投入与产出状况。

（6）可持续发展：实现可持续发展必须降低物质、资源消耗，全面促进资源节约和环境保护。因此，以单位二氧化硫排放产值、万元 GDP 能耗降低率反映可持续发展状况。

2. 主成分因子选取

考虑到指标之间量纲不同且数量级相差较大，首先对原始指标数据进

行标准化处理，进而应用主成分分析法提取主成分因子，进行 KMO 检验和
Bartlett 球形检验。计算出 Bartlett 球形检验统计量的值为 282.449，对应的
概率值接近于 0，可以认为相关系数矩阵与单位阵有显著差异。同时，KMO
检验统计量的值为 0.701，表明指标之间确实存在高度相关性，根据 Kaiser
和 Rice（1974）给出的是否适合进行主成分分析的 KMO 检验统计量度量标
准可知，原始指标数据适合进行主成分因子分析。应用主成分分析法提取
主成分因子，特征根大于 1 的主成分因子共有三个，其累计方差贡献率达到
80.356%，说明三个主成分因子能够解释原指标变量的绝大多数信息。所提
取主成分因子的特征根、方差贡献率和因子载荷矩阵如表 5-2 所示。

表 5-2　主成分因子分析结果

		第一主成分因子	第二主成分因子	第三主成分因子
特征根		5.708	1.627	1.504
方差贡献率（%）		51.892	14.788	13.676
特征权重（%）		64.578	18.403	17.019
因子载荷	X1	0.916	−0.116	−0.226
	X2	0.063	0.447	0.842
	X3	0.800	−0.037	−0.109
	X4	0.678	−0.518	0.430
	X5	0.897	0.049	−0.058
	X6	0.582	0.178	−0.578
	X7	0.805	0.358	−0.190
	X8	0.751	0.240	0.336
	X9	0.912	−0.089	0.070
	X10	0.547	−0.733	0.210
	X11	0.528	0.615	0.112
因子命名		综合因子	可持续发展因子	需求结构因子

表 5-2 结果显示，第一主成分因子在人均 GDP、第一产业增加值占 GDP 比重、第三产业增加值占 GDP 比重、城市化率、农村与城镇人均收入比、R&D 经费投入占 GDP 比重、单位资本产出、千人专利申请量八个指标上的荷载值都很大，这些指标主要反映了经济发展水平、产业结构、城乡区域结构和创新效率状况，因此将其命名为综合因子。第二主成分因子在单位二氧化硫排放产值、万元 GDP 能耗降低率上的荷载值很大，主要反映了资源节约与环境保护状况，因此将其命名为可持续发展因子。第三主成分因子在居民消费占 GDP 比重指标上的荷载值很大，主要反映了消费状况，因此将其命名为需求结构因子。就三个主成分因子所含信息量来看，第一主成分因子的方差贡献率为 51.892%，是第二主成分因子、第三主成分因子方差贡献率的三倍以上，说明第一主成分因子与第二主成分因子、第三主成分因子对分类重要性的差异较大。而第二主成分因子的方差贡献率与第三主成分因子方差贡献率的差别不大，说明第二主成分因子、第三主成分因子对分类重要性的差异相对较小。因此，如果不考虑各主成分因子对分类重要性的客观差异，将会导致分类结果的精度降低。

二、分类结果的定性比较与统计检验

客观公正地评判不同聚类分析方法的分类质量是一件困难而复杂的事情，目前学术界尚没有评判所有聚类分析方法有效性的统一标准，尤其是当研究样品的自身类属不被人们所预知时，我们很难确定究竟哪种聚类分析方法是有效的。因此在实际应用中，评价聚类分析方法的有效性必须从定性分析和定量分析两个方面综合考虑。所谓定性是指对分类结果的可解释性，聚类分析方法的优劣首先就表现在能否对分类结果做出合理的解释。所谓定量是指分类结果必须通过统计检验，一个合理的聚类应当使得类别相同的样品数据之间的相似性尽可能地大（或差异性尽可能地小），同时类别不同的样品数据之间的相似性尽可能地小（或差异性尽可能地大）。下面，我们分别从可解释性和统计检验两个角度对传统的系统聚类分析方法、第一主成分聚类分析方法、一般主成分聚类分析方法、加权主成分聚类分析方法和加权主成分距离聚类分析方法的分类结果和分类质量加以评判。

1. 分类结果的定性比较

分别运用传统的系统聚类分析方法、第一主成分聚类分析方法、一般主成分聚类分析方法、加权主成分聚类分析方法和加权主成分距离聚类分析方法对中国各省份经济发展质量进行分类比较与评价。考虑到采用不同的距离度量方法，所得到的分类结果是存在差异的，并且欧几里得距离是目前最常见的距离度量，因此为了增强各聚类分析方法之间的对比效果，我们仍然按照第四章的做法，统一测算并对比了类内距离（样品之间的距离）度量为平方欧几里得距离、类与类之间的距离度量为离差平方和法情形下各种聚类分析方法的分类效果及有效性，进而根据测算结果并以此类别划分标准将中国各省份分为五类地区。运用各聚类分析方法分类所得结果如表5-3所示。

表5-3　中国各省份经济发展质量评价的分类结果

聚类分析方法	第一类地区	第二类地区	第三类地区	第四类地区	第五类地区
传统的系统聚类分析方法	北京、上海	天津、江苏、浙江、广东	河北、山西、内蒙古、辽宁、吉林、黑龙江、安徽、福建、江西、山东、河南、湖北、湖南、广西、重庆、四川、陕西、青海、宁夏	贵州、云南、甘肃	海南、西藏、新疆

续表

聚类分析方法	第一类地区	第二类地区	第三类地区	第四类地区	第五类地区
第一主成分聚类分析方法	北京、上海	天津、江苏、浙江、广东	河北、山西、内蒙古、吉林、黑龙江、安徽、江西、山东、湖南、四川、陕西	辽宁、福建、湖北、重庆	河南、广西、海南、贵州、云南、西藏、甘肃、青海、宁夏、新疆
一般主成分聚类分析方法	北京、上海、江苏、浙江、广东	天津、河北、内蒙古、辽宁、吉林、福建、山东、湖北	山西、黑龙江、安徽、江西、河南、湖南、广西、重庆、四川、陕西、宁夏	贵州、云南、甘肃	海南、西藏、青海、新疆
加权主成分聚类分析方法	北京、上海	天津、江苏、浙江、广东	河北、山西、内蒙古、吉林、黑龙江、安徽、江西、河南、湖南、四川、陕西、宁夏	辽宁、福建、山东、湖北、重庆	广西、海南、贵州、云南、西藏、甘肃、青海、新疆
加权主成分距离聚类分析方法	北京、上海	天津、江苏、浙江、广东	河北、山西、内蒙古、辽宁、吉林、黑龙江、安徽、福建、江西、山东、河南、湖北、湖南、重庆、四川、陕西、宁夏	广西、贵州、云南、甘肃	海南、西藏、青海、新疆

首先，从可解释性角度对传统的系统聚类分析方法、第一主成分聚类分析方法、一般主成分聚类分析方法、加权主成分聚类分析方法和加权主成分距离聚类分析方法的分类结果进行比较。表5-3的分类结果显示，各聚类分析方法基本上均能够将北京、上海、天津、江苏、浙江、广东与其他省份分开，其原因在于上述六省份的各项指标数值总体上均远远领先于其他省份，与其他省份之间的界限较为明显。另外，各聚类分析方法基本上均将海南、西藏、青海、新疆划归为第五类地区，说明这些省份的各项指标数值总体上落后于其他省份，与其他省份之间的差距较大。而其余21个省份的各项指标数值离散程度较小，在聚类空间的分布密集，各聚类分析方法对其分类的结果也存在较大的差异，具体体现在归属第三类地区的

省份数量很多，且归属类别的规律性不明显。

其次，从各聚类分析方法分类结果的对比来看，第一主成分聚类分析方法与加权主成分聚类分析方法的分类结果是十分相似的，两种方法只是在对山东、河南和宁夏三个省份的分类上产生差别。即在第一主成分聚类分析方法的分类结果中，山东被划归为第三类地区，河南和宁夏被划归为第五类地区，但在加权主成分聚类分析方法的分类结果中，山东被划为第四类地区，河南和宁夏被划归为第三类地区。两种方法对其余省份的分类结果完全一致，究其原因在于加权主成分聚类分析方法放大了第一主成分因子对分类的重要性，而削弱了其他主成分因子对分类的作用，从而使得加权主成分聚类分析方法的分类结果近似于第一主成分聚类分析方法。

最后，传统的系统聚类分析方法与加权主成分距离聚类分析方法的分类结果也较为相似，加权主成分距离聚类分析方法只是将传统的系统聚类分析方法分类结果中的广西和青海由第三类地区分别划归到第四类和第五类地区，其余省份的分类结果则完全一致。这是由于加权主成分距离聚类分析方法对主成分距离自适应赋权，科学、准确地赋予了各主成分因子对分类结果的权重分配系数，从而使得其分类结果显著不同于其他主成分聚类分析方法，反而与传统的系统聚类分析方法的分类结果更为接近。这也说明了由于其他主成分聚类分析方法放大或缩小了各主成分因子对分类重要性的作用，在各主成分因子特征权重差异较大时，传统的系统聚类分析方法的分类效果并不一定会劣于其他的主成分聚类分析方法。

尤其需要引起注意的是，一般主成分聚类分析方法的分类结果与其他所有的聚类分析方法的分类结果均有较大的差异。一是一般主成分聚类分析方法将北京、上海、江苏、浙江、广东划归为第一类地区，将天津、河北等八个省份划归为第二类地区。而其他的聚类分析方法则均将北京、上海与天津、江苏、浙江、广东分开，分别作为第一类、第二类地区。结合原始指标数据不难发现，除农村人均收入/城镇人均收入、R&D经费投入占GDP比重指标外，北京、上海的其他指标基本都领先于天津、江苏、浙江和广东，将这些省份划归为一类地区不尽合理。二是一般主成分聚类分析方法所划分的第二类、第三类地区内的各省份绝大部分为其他聚类分析方法所划分的第三类地区内的省份，这些省份之间的各项指标数值相差不大，将其划分为两类地区难以解释。导致上述分类结果出现的原因在于，一般主成分聚类分析方法以主成分因子代替原始指标等权重直接进行聚类，未区分各主成分因子对分类重要性的差异，从而产生了明显不合理的分类结果。

2. 分类结果的统计检验

进一步对传统的系统聚类分析方法、第一主成分聚类分析方法、一般主成分聚类分析方法、加权主成分聚类分析方法和加权主成分距离聚类分析方法的分类结果进行统计检验，以从定量角度考察在主成分因子代表性较好情景下各聚类分析方法的分类质量。根据聚类分析的指导思想，一个合理的聚类应当以保持类内相似性最大化以及类间相似性最小化为目标，使得类内样品之间的离差平方和尽可能小，类与类之间的离差平方和尽可能大。因此，本节运用方差分析法分别测算了传统的系统聚类分析方法、第一主成分聚类分析方法、一般主成分聚类分析方法、加权主成分聚类分析方法和加权主成分距离聚类分析方法分类结果的总类内离差平方和、总类间离差平方和，进而计算出F检验统计量的值。F检验统计量为经自由度调整之后的总类间离差平方和与总类内离差平方和之比，其值越大，表明分类结果的类间距离相对较大、类内距离相对较小，分类准确度越高；反之，则分类准确度越低。对各聚类分析方法的分类结果进行统计检验，结果如表 5-4 所示。根据表 5-4 中 F 检验统计量的计算结果，可以发现在本节的例子中，各聚类分析方法的优劣次序依次为：加权主成分距离聚类分析方法、传统的系统聚类分析方法、加权主成分聚类分析方法、第一主成分聚类分析方法和一般主成分聚类分析方法。进一步分析可以得出以下结论：

表 5-4　各聚类分析方法分类结果的统计检验

聚类分析方法	总类内离差平方和	总类间离差平方和	F 检验统计量
传统的系统聚类分析方法	6.417	12.532	58.589
第一主成分聚类分析方法	7.271	11.678	48.179
一般主成分聚类分析方法	7.368	11.501	46.825
加权主成分聚类分析方法	6.931	12.018	52.022
加权主成分距离聚类分析方法	6.255	12.694	60.887

（1）一般主成分聚类分析方法分类结果的 F 检验统计量的值最低，仅为 46.825，分类效果明显劣于其他的聚类分析方法。这再次说明在各主成分因子信息含量相差较大的情况下，如果忽略不同主成分因子对分类重要性的客观差异，以主成分因子代替原始指标等权重直接进行聚类，并不必然提高分类的质量。事实上，由于指标之间往往存在高度相关性，所提取的第一主成分因子的方差贡献率通常会远大于其他主成分因子，因而一般主成分聚类分析方法更多地表现为低效率的分类结果。

（2）加权主成分聚类分析方法分类结果的 F 检验统计量的值为 52.022，仅高于第一主成分聚类分析方法分类结果的 F 检验统计量的值 48.179 和一般主成分聚类分析方法分类结果的 F 检验统计量的值 46.825。这说明加权主成分聚类分析方法考虑了各主成分因子信息含量的差异性，较已有主成分聚类分析方法的分类效果有所提高。但加权主成分聚类分析方法分类结果的 F 检验统计量的值 52.022 仍然低于传统的系统聚类分析方法分类结果的 F 检验统计量的值 58.589，这是由于加权主成分聚类分析方法放大了第一主成分因子对分类的重要性，而削弱了其他主成分因子对分类的作用，其分类结果同样也存在失真问题，因此该方法也未必会提高分类质量。

（3）相较于其他的聚类分析方法，加权主成分距离聚类分析方法分类结果的 F 检验统计量的值最高，为 60.887，其分类效果明显优于其他的聚类分析方法。这主要是由于加权主成分距离聚类分析方法一方面简化了数据结构，消除了指标相关性带来的影响，另一方面又考虑了各主成分因子信息含量的差异，并科学、准确地赋予了各主成分因子对分类结果的权重分配系数，因此其在主成分因子代表性较好情景下所得到的分类结果更为客观、可信。

三、分类结果的综合评价与对策建议

鉴于加权主成分距离聚类分析方法的优势，以此方法所得分类结果为基准，对中国各省份经济发展质量进行主成分综合评价。为便于分析，这里将这五类地区划分为三个梯队：第一梯队包括第一类地区和第二类地区的省份；第二梯队包括第三类地区的省份；第三梯队包括第四类地区和第五类地区的省份。进而按照主成分分析法的原理，对各个主成分进行加权求和，计算出各梯队省份主成分因子得分均值和主成分综合得分均值，结果如表 5-5 所示。结合表 5-5 的计算结果，本节将分别从各主成分因子得分和主成分综合得分两个方面分析不同梯队省份经济发展质量的特征和异同，并指出各梯队省份经济发展的侧重点，提出对策建议。

表5-5　中国各省份经济发展质量的主成分得分结果

类型	主成分得分	均值	标准差	省级行政区
第一梯队	综合因子得分	4.253	1.312	北京、上海、天津、江苏、浙江、广东
	可持续发展因子得分	0.178	1.460	
	需求结构因子得分	0.195	1.749	
	主成分综合得分	2.813	1.192	
第二梯队	综合因子得分	-0.435	0.656	河北、山西、内蒙古、辽宁、吉林、黑龙江、安徽、福建、江西、山东、河南、湖北、湖南、重庆、四川、陕西、宁夏
	可持续发展因子得分	-0.407	0.541	
	需求结构因子得分	-0.419	0.724	
	主成分综合得分	-0.429	0.420	
第三梯队	综合因子得分	-2.264	0.325	广西、贵州、云南、甘肃、海南、西藏、青海、新疆
	可持续发展因子得分	0.731	1.724	
	需求结构因子得分	0.743	1.132	
	主成分综合得分	-1.200	0.304	

1. 主成分因子得分分析

在综合因子方面，第一梯队、第二梯队和第三梯队的省份得分均值分别为4.253、-0.435和-2.264，第一梯队的得分远高于第二梯队和第三梯队。这反映了第一梯队的省份市场经济起步比较早，在经济发展水平、产业结构、城乡结构和创新效率等方面均保持了较高的水平。同时由第一梯队的省份以点带面辐射，由北向南依次形成了以北京为中心的首都经济圈、以上海为中心的长三角经济圈及以广东为中心的珠三角经济圈。另外，从梯队内各省份的差异性来看，第一梯队综合因子得分的标准差为1.312，高于第二梯队的0.656和第三梯队的0.325，说明第一梯队内各省份离散程度较大，这是由于北京和上海的综合因子分值远高于天津、江苏、浙江、广东，这两个省市的综合经济发展水平更为突出。

在可持续发展因子方面，第一梯队、第二梯队和第三梯队的省份得分均值分别为 0.178、-0.407 和 0.731，第三梯队得分远高于其他梯队，表面上看呈现出最好的资源利用和环境保护状况。但是结合现实不难发现，导致该结果产生的原因主要是由于第三梯队的省份经济发展落后，资源开发不充分，从而使得其在可持续发展方面较为突出。另外，从梯队内各省份的差异性来看，第三梯队的标准差为 1.724，高于第一梯队的 1.460 和第二梯队的 0.541，说明第三梯队内各省份离散程度较大，这是由于第三梯队内的新疆、西藏和海南可持续发展因子分值远高于其他省份，具有最好的资源开发潜力和自然环境条件。

在需求结构因子方面，第三梯队得分为 0.743，同样远远高于第一梯队得分 0.195 和第二梯队得分 -0.419。这一结果符合蔡跃洲和王玉霞（2010）对中国消费率演进的判断[80]，也同钱纳里和塞尔昆（1975）关于消费率与经济增长关系的测算结论一致[81]。即随着经济由较低水平向较高水平阶段演进，消费率将呈现先下降后上升的 U 形趋势。另外，从梯队内各省份的差异性来看，第一梯队的标准差为 1.749，高于第二梯队的 0.724 和第三梯队的 1.132，说明第一梯队内各省份离散程度较大，这是由于北京和上海的需求结构分值远高于天津、江苏、浙江、广东，是典型的消费拉动型省市。

2. 主成分综合得分分析与对策建议

就主成分综合得分和梯队分布而言，第一梯队的省份普遍位于东部沿海发达地区，主成分综合得分均值为 2.813，远高于第二梯队和第三梯队省份的主成分综合得分均值，经济发展质量整体较好。结合各主成分因子得分发现，这主要是由于第一梯队的省份综合因子得分很高，而可持续发展因子得分则相对较低。故第一梯队的省份应摒弃粗放型经济发展方式，切实当好加快转变经济发展方式的排头兵，提供本地区发展经验供其他省份借鉴，发挥本地区对其他省份的辐射带动作用。

而第二梯队的省份大多位于中国东北地区和中部内陆地区，其主成分综合得分均值为-0.429，经济发展质量相对一般。结合各主成分因子得分发现，这主要是由于第二梯队的省份在综合因子方面得分不高，且在可持续发展因子和需求结构因子方面得分很低。故第二梯队的省份一方面应根据该地区居民消费特征制定消费政策，提高居民的边际消费倾向；另一方面还应增强可持续发展意识，推行绿色改革，提高可持续发展能力。

第三梯队的省份则全部位于中国西部地区，主成分综合得分均值为-1.200，与其他梯队综合得分均值存在较大差距，经济发展质量相对较差。结合第三梯队省份的各主成分因子得分发现，其主要原因是第三梯队的省份综合因子得分很低，在经济发展水平、产业结构、城乡区域结构和创新效率方面较为落后。因此，第三梯队的省份应当"提升存量，做优增量"，在确保经济快速增长的同时，提高经济增长的质量和效益。

第二节　中国与创新型国家创新竞争力分类评价

在上一节中，我们以对中国各省份经济发展质量的分类评价为例，将加权主成分距离聚类分析方法应用于主成分因子代表性较好情景下无先验类别标准的实践领域，探讨了在主成分因子代表性较好情景下加权主成分距离聚类分析方法在实践应用中的分类效果及有效性。为了进一步验证在主成分因子代表性不足情景下加权主成分距离聚类分析方法的分类效果及有效性，本节将分别运用传统的系统聚类分析方法、第一主成分聚类分析方法、一般主成分聚类分析方法、加权主成分聚类分析方法和加权主成分距离聚类分析方法对 2015 年中国和世界上公认的 22 个创新型国家的创新竞争力进行分类评价，从定性比较与统计检验两个层面检验在主成分因子代表性不足情景下加权主成分距离聚类分析方法在实践应用中的分类效果及有效性，并针对分类结果提出中国建设创新型国家的对策建议。

一、指标体系构建与主成分因子提取

1. 指标体系构建

创新是人类社会发展中持续不断的过程，创新型国家则是人类社会发展到一定阶段的产物，它是指以追求原始性科技创新为国家发展基本战略取向，以原始性创新为经济发展的主要驱动因素，不断把国民经济推向从事高新技术经济活动，从而处在科学技术与经济社会发展链条高端的一种国家类型。目前世界公认的创新型国家主要包括美国、日本、德国、英国、法国、加拿大、意大利、澳大利亚、西班牙、荷兰、瑞士、瑞典、挪威、奥地利、爱尔兰、芬兰、丹麦、匈牙利、比利时、卢森堡、新西兰、韩国[82-83]。

对中国和上述创新型国家创新竞争力的评价需综合考虑国家的各方面实力，本节借鉴已有文献中关于创新型国家的测评指标，从经济发展、制度环境和创新能力三个维度分解创新型国家的特征，再将每个维度分解为若干目标，分别从经济发展水平、经济发展质量、市场化程度、创新投入和创新产出五大目标着手，构建创新型国家评价指标体系[82-83]，指标体系中的各级指标如表 5-6 所示，指标体系中各二级指标数据均来源于 World Bank、*The Global Competitiveness Report*、OECD Data，并且在计算过程中对数据进行了 Z 标准化处理。

表 5-6　创新型国家创新竞争力评价指标体系

维度	一级指标	二级指标	单位
经济发展	经济发展水平	人均 GDP（X1）	美元
	经济发展质量	全员劳动生产率（X2）	万美元/人·年
		GDP 单位能源消耗（X3）	美元/每千克石油当量
制度环境	市场化程度	商品市场效率（X4）	分
		劳动力市场效率（X5）	分
		金融市场效率（X6）	分
创新能力	创新投入	R&D 支出占 GDP 比例（X7）	%
		每百万人 R&D 研究人员数量（X8）	人/百万
	创新产出	万人（居民）专利申请量（X9）	件/万人
		高科技出口占制成品出口的百分比（X10）	%

对表 5-6 中各级指标的具体说明如下：

（1）经济发展。只有经济发展到一定阶段才有资格或能力进入或建设创新型国家，很难想象一个全体居民挣扎在温饱线上或资源过度低质量消耗的国家会是创新型国家阵营中的一员。也就是说，较高的经济发展程度是创新型国家的整体特征之一，提升经济发展程度也是建设创新型国家的必要条件。一般而言，一国经济发展程度可从经济发展水平和经济发展质量两个方面综合考察。其中，经济发展水平反映一国创造财富的能力，以人均 GDP 进行度量，而经济发展质量体现一国的经济效率以及资源利用效率，以全员劳动生产率、GDP 单位能源消耗作为直接量化指标。

（2）制度环境。纵观当今世界创新型国家，它们在制度方面有着许多共同特性，其中的某些共同特性也是我们建设创新型国家的制度保证。经过重复考察和检验，我们认为市场经济是所有创新型国家的特性，因此将市场化程度设定为制度环境这一维度的目标，并将其分解为商品市场效率、劳动力市场效率、金融市场效率三个二级指标，进而结合世界经济论坛（World Economic Forum，WEF）发布的《全球竞争力报告（2016—2017）》中的商品市场效率指数、劳动力市场效率指数、金融市场效率指数分别对这三个二级指标进行考察。

（3）创新能力。对于某一国家而言，假如以上两个维度即经济发展、制度环境都到达或接近这22个创新型国家的水平，但如果创新能力这个维度达不到，也不能进入创新型国家阵营。评价创新能力可由创新投入、创新产出两个目标组成。其中创新投入可分解为研发资金投入、研发人力投入，并分别采用R&D支出占GDP比例、每百万人R&D研究人员数量两个指标来表征。而创新产出可分解为知识产权和应用绩效。知识产权主要体现在专利上，采用万人（居民）专利申请量进行衡量；应用绩效则主要体现在经济效益上，采用高科技出口占制成品出口的比例来衡量。

2. 主成分因子选取

考虑到指标之间量纲不同且数量级相差较大，首先对原始指标数据进行Z标准化处理，进而应用主成分分析法提取主成分因子，进行KMO检验和Bartlett球形检验。计算出Bartlett球形检验统计量的值为192.540，对应的概率值接近于0，可以认为相关系数矩阵与单位阵有显著差异。同时，KMO检验统计量的值为0.593，表明指标之间存在一定的相关性，但相关性程度较低。根据Kaiser和Rice（1974）给出的是否适合进行主成分分析的KMO检验统计量度量标准可知，原始指标数据不满足"KMO检验统计量的值大于0.7"的主成分分析条件，不适合进行主成分分析。根据特征根大于1的原则，对原始指标数据提取三个主成分因子，其累计方差贡献率达到78.508%，虽然能解释大多数变量的信息，但是不满足"累计方差贡献率大于 80%"的主成分分析条件。而第四主成分因子的特征根为 0.980，虽然接近于 1，但仍存在第四主成分因子代表性不足的问题。由以上结果可知，对中国与创新型国家创新竞争力的分类评价实际上并不适宜采用加权主成分距离聚类分析方法，但为了检验在主成分因子代表性不足情景下加权主成分距离聚类分析方法在实际应用中的分类效果及有效性，下面我们仍然分别提取三个主成分因子和四个主成分因子，分析加权主成分距离聚类分析方法的分类结果和分类质量。

应用主成分分析法提取主成分因子，所提取主成分因子的特征根、方差贡献率和因子载荷矩阵如表 5-7 所示。表 5-7 结果显示，第一主成分因子在商品市场效率、劳动力市场效率和金融市场效率三个指标上的荷载值都较大，这些指标主要反映了一国的市场化程度，因此将其命名为市场化程度因子。第二主成分因子在人均 GDP、全员劳动生产率和 GDP 单位能源消耗三个指标上的荷载值较大，主要反映了经济发展状况，因此将其命名为经济发展程度因子。第三主成分因子在 R&D 支出占 GDP 比例、每百万人 R&D 研究人员数量和万人（居民）专利申请量三个指标上的荷载值较大，主要反映了创新投入与知识产出的状况，因此将其命名为创新投入与知识产出因子。第四主成分因子在高科技出口占制成品出口的百分比上的载荷值较大，主要反映了创新绩效，故将其命名为创新绩效因子。

表 5-7　主成分因子分析结果

	第一主成分因子	第二主成分因子	第三主成分因子	第四主成分因子
特征根	4.113	2.316	1.421	0.980
方差贡献率（%）	41.130	23.165	14.213	9.802
特征权重（%）	46.575	26.231	16.094	11.100

续表

		第一主成分因子	第二主成分因子	第三主成分因子	第四主成分因子
因子载荷	X1	0.490	0.820	0.052	−0.094
	X2	0.378	0.865	−0.012	−0.161
	X3	−0.198	0.830	−0.226	0.345
	X4	0.704	0.511	0.169	0.110
	X5	0.867	0.277	−0.028	0.334
	X6	0.956	0.004	0.002	−0.203
	X7	0.026	−0.046	0.915	0.166
	X8	0.414	0.356	0.736	−0.142
	X9	−0.168	−0.268	0.774	0.243
	X10	0.070	0.016	0.257	0.916
因子命名		市场化程度因子	经济发展程度因子	创新投入与知识产出因子	创新绩效因子

二、分类结果的定性比较与统计检验

1. 分类结果的定性比较

进一步分别运用传统的系统聚类分析方法、第一主成分聚类分析方法、一般主成分聚类分析方法、加权主成分聚类分析方法和加权主成分距离聚类分析方法对中国和 22 个创新型国家的创新竞争力进行分类比较与评价。考虑到采用不同的距离度量方法，所得到的分类结果是存在差异的，并且欧几里得距离是目前最常见的距离度量，因此为了增强各聚类分析方法之间的对比效果，我们仍然按照第四章的做法，统一测算并对比了类内距离（样品之间的距离）度量为平方欧几里得距离、类与类之间的距离度量为离差平方和法情形下各种聚类分析方法的分类效果及有效性，进而根据测算结果并以此类别划分标准将中国和 22 个创新型国家分为三类，并分析在提取三个主成分因子和四个主成分因子的情况下加权主成分距离聚类分析方法的分类结果和分类质量。

各聚类分析方法的分类结果如表5-8所示。从表5-8中可以看出，无论是提取三个主成分因子还是提取四个主成分因子，除一般主成分聚类分析方法外，其他的聚类分析方法基本上都能将美国、日本、德国、英国、加拿大、澳大利亚、荷兰、瑞典、挪威、奥地利、芬兰、丹麦、比利时、新西兰14个国家划归为第一类，其主要原因在于上述14个国家经济社会发达、市场制度完善、创新能力强，各项指标数值总体上均领先于其他国家。因此，传统的系统聚类分析方法、第一主成分聚类分析方法、加权主成分聚类分析方法和加权主成分距离聚类分析方法均将其划归为第一类。

表5-8　中国和22个创新型国家创新竞争力的分类结果

主成分因子提取个数	聚类分析方法	第一类国家	第二类国家	第三类国家
未提取主成分因子	传统的系统聚类分析方法	美国、日本、德国、英国、加拿大、澳大利亚、荷兰、瑞典、瑞士、挪威、奥地利、爱尔兰、芬兰、丹麦、匈牙利、比利时、卢森堡、新西兰	法国、韩国、中国	意大利、西班牙、匈牙利
提取一个主成分因子	第一主成分聚类分析方法	美国、日本、德国、英国、法国、加拿大、澳大利亚、荷兰、瑞典、挪威、奥地利、爱尔兰、芬兰、丹麦、比利时、新西兰	瑞士、卢森堡	意大利、西班牙、匈牙利、韩国、中国
提取三个主成分因子	一般主成分聚类分析方法	美国、加拿大、澳大利亚、瑞典、芬兰、比利时、新西兰	日本、德国、英国、法国、荷兰、瑞士、挪威、奥地利、爱尔兰、丹麦、卢森堡、韩国	意大利、西班牙、匈牙利、中国

续表

主成分因子 提取个数	聚类分析方法	第一类国家	第二类国家	第三类国家
提取三个 主成分因子	加权主成分 聚类分析方法	美国、日本、德国、英国、法国、加拿大、澳大利亚、荷兰、瑞典、挪威、奥地利、芬兰、丹麦、比利时、新西兰、韩国	瑞士、爱尔兰、卢森堡	意大利、西班牙、匈牙利、中国
	加权主成分 距离聚类分析 方法	美国、日本、德国、英国、法国、加拿大、澳大利亚、荷兰、瑞典、挪威、奥地利、芬兰、丹麦、比利时、新西兰、韩国	瑞士、爱尔兰、卢森堡	意大利、西班牙、匈牙利、中国
提取四个 主成分因子	一般主成分 聚类分析方法	美国、日本、德国、加拿大、澳大利亚、瑞典、挪威、奥地利、芬兰、丹麦、比利时、卢森堡、新西兰、韩国	意大利、西班牙、匈牙利	英国、法国、荷兰、瑞士、爱尔兰、中国
	加权主成分 聚类分析方法	美国、日本、德国、英国、法国、加拿大、澳大利亚、荷兰、瑞典、挪威、奥地利、芬兰、丹麦、比利时、新西兰、韩国	瑞士、爱尔兰、卢森堡	意大利、西班牙、匈牙利、中国
	加权主成分 距离聚类 分析方法	美国、日本、德国、英国、法国、加拿大、澳大利亚、荷兰、瑞典、挪威、奥地利、芬兰、丹麦、比利时、新西兰、韩国	瑞士、爱尔兰、卢森堡	意大利、西班牙、匈牙利、中国

　　从表5-8中还可以看出，各聚类分析方法基本上均将意大利、西班牙、匈牙利、中国划归为第三类。说明这些国家的各项指标数值总体上落后于其他国家，尤其是与第一类国家的差距较大。需要引起注意的是，无论是提取三个主成分因子还是提取四个主成分因子，一般主成分聚类分析方法的分类结果与其他的聚类分析方法的分类结果均有较大差异。之所以会出现这种分类结果，其主要原因是一般主成分聚类分析方法以主成分因子代

替原始指标等权重直接进行聚类，未区分各主成分因子对分类重要性的差异，从而产生了明显不合理的分类结果。

2. 分类结果的统计检验

进一步对传统的系统聚类分析方法、第一主成分聚类分析方法、一般主成分聚类分析方法、加权主成分聚类分析方法和加权主成分距离聚类分析方法的分类结果进行统计检验，从定量角度考察在主成分因子代表性不足情景下各聚类分析方法的分类质量。正如前文所述，一个合理的聚类应当以保持类内相似性最大化以及类间相似性最小化为目标，使得类内样品之间的离差平方和尽可能小，类与类之间的离差平方和尽可能大。因此，本节同样运用方差分析法分别测算在提取三个主成分因子和四个主成分因子的情况下传统的系统聚类分析方法、第一主成分聚类分析方法、一般主成分聚类分析方法、加权主成分聚类分析方法和加权主成分距离聚类分析方法分类结果的总类内离差平方和、总类间离差平方和，进而计算出 F 检验统计量的值。F 检验统计量为经自由度调整之后的总类间离差平方和与总类内离差平方和之比，其值越大，表明分类结果的类间距离相对较大、类内距离相对较小，分类准确度越高；反之，则分类准确度越低。对在提取三个主成分因子和四个主成分因子的情况下各聚类分析方法的分类结果进行统计检验，结果如表 5-9 所示。根据表 5-9 中 F 检验统计量的计算结果，可以发现在本节的例子中，无论是提取三个主成分因子还是提取四个主成分因子，各聚类分析方法的优劣次序均依次为：传统的系统聚类分析方法、加权主成分距离聚类分析方法、加权主成分聚类分析方法、一般主成分聚类分析方法和第一主成分聚类分析方法。进一步分析可以得出以下结论：

（1）第一主成分聚类分析方法分类结果的 F 检验统计量的值最低，仅为 12.157，分类效果明显劣于其他的聚类分析方法。这主要是由于在本例

表 5-9　各聚类分析方法分类结果的统计检验

主成分因子提取个数	聚类分析方法	总类内离差平方和	总类间离差平方和	F 检验统计量
未提取主成分因子	传统的系统聚类分析方法	8.346	6.810	17.950
提取一个主成分因子	第一主成分聚类分析方法	9.599	5.304	12.157
提取三个主成分因子	一般主成分聚类分析方法	9.090	5.813	14.069
	加权主成分聚类分析方法	8.779	6.377	15.981
	加权主成分距离聚类分析方法	8.779	6.377	15.981
提取四个主成分因子	一般主成分聚类分析方法	9.475	5.428	12.603
	加权主成分聚类分析方法	8.526	6.377	16.454
	加权主成分距离聚类分析方法	8.526	6.377	16.454

中第一主成分因子的方差贡献率仅为 41.130%，仅能解释原始指标 41.130% 的信息量。因此，在所提取的第一主成分因子的方差贡献率不大的情况下，仅采用第一主成分因子代替原始指标直接进行聚类，分类效果并不理想。采用第一主成分聚类分析方法更多地表现为低效率的分类结果。

（2）在提取三个主成分因子的情况下，加权主成分聚类分析方法和加权主成分距离聚类分类结果的 F 检验统计量的值均为 15.981，在提取四个主成分因子的情况下，加权主成分聚类分析方法和加权主成分距离聚类分类结果的 F 检验统计量的值均为 16.454，均高于第一主成分聚类分析方法和一般主成分聚类分析方法分类结果的 F 检验统计量的值。这说明加权主成分聚类分析方法和加权主成分距离聚类分析方法考虑了各主成分因子信息含量的差异性，相较第一主成分聚类分析方法和一般主成分聚类分析方法的分类效果有所提高。

（3）无论是提取三个主成分因子还是提取四个主成分因子，传统的系统聚类分析方法分类结果的 F 检验统计量的值（17.950）均大于第一主成分聚类分析方法、一般主成分聚类分析方法、加权主成分聚类分析方法和加权主成分距离聚类分析方法分类结果的 F 检验统计量的值。这说明在主成分因子代表性不足、第一主成分因子方差贡献率不大的情景下，传统的系统聚类分析方法的分类效果较好，采用加权主成分距离聚类分析方法进行分类会导致分类效率下降、分类结果失真，分类效果反而不如传统的系统聚类分析方法。

三、分类结果的综合评价与对策建议

1. 分类结果的综合评价

对比中国与世界上 22 个创新型国家创新竞争力的分类结果可以看出，中国与创新型国家的差距是全方位的差距。进一步结合创新型国家创新竞争力评价指标体系中的原始数据可知，中国与创新型国家的差距重点突出在经济发展方面，而在制度环境、创新能力方面也存在一定的差距，比较来看，中国建设创新型国家存在的主要问题具体表现在以下几个方面：

（1）原始创新能力严重不足。中国在很多领域的关键核心技术仍受制于人，科技力量相对薄弱，多数领域普遍存在关键技术自给率低、对国外技术的依赖程度过高的问题。基础研究条件和科技基础水平较低，大型科研设施设备较为落后，且资源配置不合理，综合利用率低，共享机制和管理制度不完善。科技体制和创新体制建设有待深化，尤其是多头管理、部门分割、职能交叉等问题，造成了科技资源配置效率低下及重复浪费问题。同时，缺乏有效的培养和吸引创新型人才的政策与制度环境，不利于创新思维的形成和优秀创新人才脱颖而出。

（2）中小企业创新资金支持渠道和机制不健全。虽然中国已经形成了一定的针对中小企业的创新资金支持体系，如"国家技术转移促进行动实

施方案""科学技术进步法""国家技术创新服务平台""科技型中小企业技术创新基金"等,但从总体上看,中央财政支持中小企业创新发展的专项计划和政策工具仍较为薄弱。例如,对技术转移、研发联盟、公共服务、创业投资、融资担保等没有专门的计划支持;现有的专项资金支持力度较弱,覆盖面较窄;缺乏多元化的科技投入渠道,尤其是风险资本发展滞后,中小企业创新缺乏风险投资支持。

(3)科研机构和企业的创新动力不足。虽然科技政策在各规划中已有较为全面的阐述,但实施效果不佳,存在的核心问题是科技政策在制定和实施过程中对于创新动力的形成机制重视不足,创新动力的保障和环境也不完善。在中国的创新型国家建设体系中,国家层面对创新非常重视,但科研机构和企业的创新动力不足。高校和科研院所科技成果转化的动力激励不足,尤其是科研院所的研究成果重点用于职称评定,而非科技成果的市场化应用。中小企业虽有创新需求,也有创新活力,但由于在投融资方面存在弱势,导致创新动力和能力不足。

(4)科技成果转化率不高。在中国现行体制机制下,科技创新源头与应用需求的衔接亟待强化。科技各领域普遍存在重实验室应用和基础研究、轻产业化应用研究现象,基础和应用研究的产业化转化机制建设滞后,科技成果市场认知率低,科技创新成果转化能力严重滞后于产业发展步伐。同时,科研院所科研成果转化评估机制不健全,尚未形成科学、有效、实用的评价方法,未能很好地发挥重大科研项目效果评估对科技投入效率和效益的提升作用。

2. 对策建议

依据对中国与世界上 22 个创新型国家创新竞争力的分类结果,以及结合中国在建设创新型国家过程中存在的主要问题,提出以下对策建议,以期为国家制定创新政策和措施提供决策依据：

（1）深化科技体制改革，积极推动中小企业成为技术创新的主体。第一，大力支持中小企业的创新活动，加快提升科技型中小企业自主创新能力，发展壮大科技型中小企业群体。第二，优化科技型中小企业技术创新环境，鼓励科技人员创新创业，带动高端人才就业。第三，建立中小企业利益补偿机制，完善风险分担机制和创新合作机制，重构为创新服务的金融体系，促进中小企业健康发展，充分发挥中小企业的科技创新作用。

（2）继续加大研发投入，同时积极探索多渠道、多元化的投融资机制。第一，继续加大对科技创新活动的投入力度，保障科技经费的持续稳定支持，特别是建立针对长期性、基础性科研工作经费的长效支持机制。第二，科技项目周期长、投资大、风险高，在项目开发初期往往难以获得充足的商业贷款和财政投入支持，因此，应调动民间投资积极性，鼓励发展风险投资基金，探索多渠道、多元化的投融资机制。

（3）充分发挥政府的引领和推动作用，促进政府、企业和科研机构的联动。创新的实现需要政府、企业和科研机构三方联动，形成持续的创新动力。第一，积极引导创新资源向企业倾斜，将提高企业创新能力作为建设创新型国家的突破口，将建立以企业为主体、市场为先导、产学研紧密结合的机制作为重点。第二，鼓励各类社会组织在技术、人才、信息等方面加强合作，组织产学研各方联合承担关键技术研究和国家标准制定，加大对创新服务机构和创新基础设施的投资力度，为企业创新提供有效支撑。

（4）完善人才评价体系，建设创新型科技人才队伍。培养具有独创性和创造能力的各类人才，是提高自主创新能力、获取国际竞争优势的关键。第一，破除高校以论文为导向的评价方法，重视研究成果的实用性及对国计民生的意义，建立以业绩为核心、既重视成果又重视效果的人才评价体系。第二，发挥企业在科技人才评价中的主体作用，形成社会化的专业人才评价格局，加大对做出突出贡献、创造巨大效益的科技人才的奖励力度。

第六章　研究结论与展望

第一节 研究结论

系统聚类分析方法是目前最常用的聚类分析方法，然而指标之间的高度相关性及其重要性差异导致已有的系统聚类分析方法往往无法获得良好的分类效果。本书在对系统聚类分析方法的理论基础进行详细阐述的基础上，首先探讨了传统的系统聚类分析方法和已有主成分聚类分析方法的局限性，进而重构了分类定义中的距离概念，通过定义自适应赋权的主成分距离为分类统计量，提出一种新的、改进的主成分聚类分析方法——加权主成分距离聚类分析方法，并采用了严格的数学推理论证了加权主成分距离聚类分析方法在满足主成分因子分析前提条件下的有效性，加权主成分距离聚类分析方法的性质以及适用条件。

其次以美国加利福尼亚大学尔湾分校国际常用标准测试数据集中的小麦籽粒、鸢尾花卉数据集作为实验数据进行仿真模拟，分别运用传统的系统聚类分析方法、第一主成分聚类分析方法、一般主成分聚类分析方法、加权主成分聚类分析方法和加权主成分距离聚类分析方法对上述数据集中的样品记录进行分类，并将各聚类分析方法所计算的分类结果与其实际所属品种相对比，以错分率作为标准判断各聚类分析方法的优劣，从而分别检验加权主成分距离聚类分析方法在主成分因子代表性较好、主成分因子代表性不足情景下的分类效果及有效性。

最后进一步将加权主成分距离聚类分析方法应用于无先验类别标准的实践领域，即分别运用传统的系统聚类分析方法、第一主成分聚类分析方法、一般主成分聚类分析方法、加权主成分聚类分析方法和加权主成分距离聚类分析方法对 2014 年中国各省份经济发展质量（主成分因子代表性较好的情景）、2015 年中国和 22 个创新型国家的创新竞争力（主成分因子代表性不足的情景）进行分类评价，并分别从定性比较与统计检验两个层面检验在主成分因子代表性较好、主成分因子代表性不足情景下加权主成分距离聚类分析方法在实践应用中的分类效果及有效性。

基于上述研究内容，本书主要得出以下结论：

第一，数学推理结论表明：相较于传统的系统聚类分析方法、已有主成分聚类分析方法，本书所提出的加权主成分距离聚类分析方法在主成分因子代表性较好的情景下是科学合理的，而在主成分因子代表性不足的情景下则会失效。加权主成分距离聚类分析方法系统集成了多个聚类分析方法的优点，同时该聚类分析方法是在经过严密的科学分析和严格的数学推理后才得出的，因此有充分的理论基础保证其科学合理性。

第二，仿真模拟结果表明：当主成分因子的代表性较好时（以对小麦籽粒分类的仿真模拟为例），加权主成分距离聚类分析方法同时解决了传统的系统聚类分析方法、一般主成分聚类分析方法、加权主成分聚类分析方法和第一主成分聚类分析方法存在的失真问题，分类效果明显提高。当主成分因子的代表性不足时（以对鸢尾花卉分类的仿真模拟为例），加权主成分距离聚类分析方法的分类效果并不理想，采用传统的系统聚类分析方法（第一主成分因子方差贡献率不大时）或第一主成分聚类分析方法（第一主成分因子方差贡献率很大、其他主成分因子方差贡献率较小时）则具有更好的分类效果。

第三，实践应用结果表明：在主成分因子代表性较好的情景下（以对2014年中国各省份经济发展质量进行分类评价为例），加权主成分距离聚类分析方法分类结果的可解释性最强、F检验统计量的值最高，分类效果明显优于传统的系统聚类分析方法、第一主成分聚类分析方法、一般主成分聚类分析方法和加权主成分聚类分析方法。在主成分因子代表性不足、第一主成分因子方差贡献率不大的情景下（以对中国和22个创新型国家的创新竞争力进行分类评价为例），传统的系统聚类分析方法分类结果的F检验统计量的值最高，分类效果较好，采用加权主成分距离聚类分析方法进行分类会导致分类效率下降、分类结果失真。

　　综上，本书所提出的加权主成分距离聚类分析方法具有复杂分类问题下的适用性。但该方法亦有其假设条件和适用前提，在实际应用中选择何种方法进行聚类还需要根据样品的具体特点而定。当指标之间的相关性不大、主成分因子代表性不足时，传统的系统聚类分析方法（第一主成分因子方差贡献率不大时）或第一主成分聚类分析方法（第一主成分因子方差贡献率很大、其他主成分因子方差贡献率较小时）的分类效果相对较好。当指标之间存在高度相关性、主成分因子代表性较好时，加权主成分距离聚类分析方法总体上优于其他的聚类分析方法，能够显著地提高分类质量。总之，加权主成分距离聚类分析方法同时解决了传统的系统聚类分析方法和已有主成分聚类分析方法存在的问题，在满足主成分分析前提条件的情况下分类精度明显提高，但当原始指标变量相关性较弱、不满足主成分分析前提条件时，加权主成分距离聚类分析方法则会失效。

第二节　研究展望

作为统计数据分析的重要手段，聚类分析技术近年来正得到蓬勃发展，成为数据挖掘领域研究的常用方法之一。尤其是在规模庞大、复杂难辨的数据海洋中，聚类分析技术可以有效地挖掘数据与数据之间的关系，清晰地展示系统的内在结构和规律，为应对复杂的、无先验信息的分类提供了有效的解决方案。尽管本书对系统聚类分析方法的改进研究取得了一定的进展，但在聚类分析方法领域需要研究和解决的问题仍然很多，本书的研究是初步的，也是不完善的，由于研究时间和个人水平的限制，书中仍然存在一些问题有待在今后的研究中探讨解决。

首先，有关加权主成分距离聚类分析方法的距离定义问题。系统聚类分析的前提是计算和确定类与类之间的距离，常用的类间距离的度量方法有多种，比如最短距离法、最长距离法、中间距离法、重心法、类平均法、可变类平均法、可变法和离差平方和法等，用不同的度量方法定义类与类之间的距离，就产生了不同的系统聚类分析方法。本书为了增强加权主成分距离聚类分析方法与其他的聚类分析方法之间的对比效果，仅统一测算并对比了类内距离度量为平方欧几里得距离、类与类之间的距离度量为离差平方和法情形下各种聚类分析方法的分类效果及有效性。如果采用其他的度量方法定义样品与样品之间的距离、类与类之间的距离，各聚类分析方法的分类效果如何？在主成分因子代表性较好、主成分因子代表性不足的情景下加权主成分距离聚类分析方法的有效性怎样？这些问题有待在今后的研究中进一步探讨解决。

其次，有关加权主成分距离聚类分析方法的适用条件问题。聚类分析方法种类繁多，各聚类分析方法均有其假设条件和适用前提，在其他因素相同的情况下，分类精度取决于是否满足了所选用的聚类分析方法的应用条件。如果没有满足，那么选用该聚类分析方法则是不适宜的，分类结果极有可能产生较大的偏误。因此，对加权主成分距离聚类分析方法应用条件的明确及其满足是十分重要的。本书虽然指出加权主成分距离聚类分析法作为一种基于主成分分析的聚类分析方法，其可靠应用的首要前提便是满足主成分分析的前提条件。同时，本书参考已有研究，以特征根大于1、累计方差贡献率达到80%以上、Bartlett 球形检验统计量的概率 P 值小于 0.05 且 KMO 检验统计量的值大于 0.7 作为运用加权主成分距离聚类分析方法的前提条件。但这一前提条件并不是绝对的、唯一的，只是一种经验判断。因此，关于加权主成分距离聚类分析方法的适用性还需要在未来进一步探究。

最后，有关加权主成分距离聚类分析方法的实践应用问题。本书虽然将加权主成分距离聚类分析方法应用于无先验类别标准的实践领域，分别对2014 年中国各省份经济发展质量（主成分因子代表性较好的情景）、2015 年中国和 22 个创新型国家的创新竞争力（主成分因子代表性不足的情景）进行分类评价，并分别从定性比较与统计检验两个层面检验在主成分因子代表性较好、主成分因子代表性不足情景下加权主成分距离聚类分析方法在实践应用中的分类效果及有效性。但基于个案研究所得到的有关结论并不一定具有代表性和可靠性，并且本书对实践案例的选取只是为了验证加权主成分距离聚类分析方法在不同情景下分类结果的有效性。为了更好地解决实际问题，未来还有待于将加权主成分距离聚类分析方法更多地应用于其他实践领域，以及对该方法作进一步的完善，这也是今后需要继续进行的工作。

参考文献

［1］任雪松，于秀林．多元统计分析［M］．北京：中国统计出版社，2010.

［2］樊家琨．应用多元分析［M］．郑州：河南大学出版社，1993.

［3］刘瑞元．加权欧氏距离及其应用［J］．数理统计与管理，2002（5）：17-19.

［4］李凡修，梅平，陈武．加权欧氏距离模型在水环境质量评价中的应用［J］．环境保护科学，2004（1）：58-60.

［5］董旭，魏振军．一种加权欧氏距离聚类方法［J］．信息工程大学学报，2005（1）：23-25.

［6］李洁，高新波，焦李成．基于特征加权的模糊聚类新算法［J］．电子学报，2006（1）：89-92.

［7］宋宇辰，张玉英，孟海东．一种基于加权欧氏距离聚类方法的研究［J］．计算机工程与应用，2007（4）：179-180.

［8］黄鹏飞，张道强．拉普拉斯加权聚类算法［J］．电子学报，2008，36（S1）：50-54.

［9］田慧，刘希玉，李章泉．一种基于粗糙集的加权聚类算法［J］．微计算机信息，2008（27）：239-240.

［10］阳琳赟，周海京，卓晴，等．基于属性重要性的加权聚类融合［J］．计算机科学，2009，36（4）：243-245.

［11］张庆庆，许月萍，牛少凤，等．变权欧式距离模型在水质综合评价中的应用［J］．中山大学学报（自然科学版），2010，49（5）：141-145.

［12］邹杰涛，赵方霞，汪海燕．基于加权相似性的 BIRCH 聚类算法

［J］．数学的实践与认识，2011，41（16）：118-124.

［13］刘强，夏士雄，周勇，等．基于两种加权方式的模糊聚类算法［J］．计算机应用研究，2011，28（12）：4437-4439.

［14］孙晓博，廖桂平．基于新的相似性度量的加权粗糙聚类算法［J］．计算机工程与科学，2011，33（12）：110-115.

［15］刘兵，夏士雄，周勇，等．基于样本加权的可能性模糊聚类算法［J］．电子学报，2012，40（2）：371-375.

［16］陈黎飞，郭躬德．属性加权的类属型数据非模聚类［J］．软件学报，2013，24（11）：2628-2641.

［17］黄卫春，刘建林，熊李艳．基于样本—特征加权的可能性模糊核聚类算法［J］．计算机工程与科学，2014，36（1）：169-175.

［18］张立军，张潇．基于改进 CRITIC 法的加权聚类方法［J］．统计与决策，2015（22）：65-68.

［19］谭飞刚，刘伟铭，黄玲，等．基于加权欧氏距离度量的目标再识别算法［J］．华南理工大学学报（自然科学版），2015，43（9）：88-94.

［20］赵兴旺，梁吉业．一种基于信息熵的混合数据属性加权聚类算法［J］．计算机研究与发展，2016，53（5）：1018-1028.

［21］刘思，李林芝，吴浩，等．基于特性指标降维的日负荷曲线聚类分析［J］．电网技术，2016，40（3）：797-803.

［22］朱俚治．一种加权欧氏距离聚类算法的改进［J］．计算机与数字工程，2016，44（3）：421-424.

［23］张立军，彭浩．面板数据加权聚类分析方法研究［J］．统计与信息论坛，2017，32（4）：21-26.

［24］万月，陈秀宏，何佳佳．基于加权密度的自适应谱聚类算法

［J］．计算机工程与科学，2018，40（10）：1897-1901．

［25］Dalatu P I. The Introduction of Gini's Mean Difference in Weighted Euclidean Distance Clustering Analysis［J］．International Journal of Engineering and Future Technology，2019，16（1）：76-85．

［26］徐胜蓝，司曹明哲，万灿，等．考虑双尺度相似性的负荷曲线集成谱聚类算法［J］．电力系统自动化，2020，44（22）：152-160．

［27］周传华，朱俊杰，徐文倩，等．基于聚类欠采样的集成分类算法［J］．计算机与现代化，2021（11）：72-76．

［28］Bei H，Mao Y，Wang W，et al. Fuzzy Clustering Method Based on Improved Weighted Distance［J］．Mathematical Problems in Engineering，2021（3）：1-11．

［29］马欣野，刘亚静，刘童．基于欧式加权法的模糊 C 均值聚类算法［J］．南方农机，2021，52（14）：151-153．

［30］李子宁．多元统计方法是否需要对变量进行加权——以判别分析和聚类分析为例［J］．内蒙古统计，2021（6）：39-42．

［31］马宗彪，许素安，朱少斌，等．基于特征加权模糊聚类的电力负荷分类［J］．中国电力，2022，55（6）：25-32．

［32］王宏健，易柱新．主成分方法用于聚类分析［J］．经济数学，1996（1）：93-96．

［33］武洁，陈忠琏．我国各地区人口素质差异的主成分和聚类分析［J］．数理统计与管理，1998（6）：42-48．

［34］金学良，乔家君．主成分分析、聚类分析在人口区划中的应用［J］．经济地理，1999（4）：12-16．

［35］贺满林，陈俐，王大奔．中国人口现代化水平区域分布差异的主

成分聚类分析 [J] . 南方人口, 2003 (3)：34-40.

　　[36] 王晓龙, 刘笑明, 李同升. 主成分分析法、聚类分析法在旅游观光农业空间分区中的应用——以西安市为例的研究 [J] . 数理统计与管理, 2005 (4)：6-13.

　　[37] 周立, 吴玉鸣. 中国区域创新能力：因素分析与聚类研究——兼论区域创新能力综合评价的因素分析替代方法 [J] . 中国软科学, 2006 (8)：96-103.

　　[38] 孙锐, 石金涛. 基于因子和聚类分析的区域创新能力再评价 [J] . 科学学研究, 2006 (6)：985-990.

　　[39] 童新安, 许超. 基于非线性主成分和聚类分析的综合评价方法 [J] . 统计与信息论坛, 2008 (2)：37-41.

　　[40] 王庆丰, 党耀国, 王丽敏. 基于因子和聚类分析的县域经济发展研究——以河南省 18 个县 (市) 为例 [J] . 数理统计与管理, 2009, 28 (3)：495-501.

　　[41] 赵晶, 王根蓓, 朱磊. 中国服务外包基地城市竞争优势的实证研究——基于主成分方法与聚类方法的分析 [J] . 经济理论与经济管理, 2010 (6)：49-57.

　　[42] 刘倩. 基于主成分聚类分析的中小企业成长性研究 [J] . 统计与决策, 2011 (16)：186-188.

　　[43] 周晓唯, 杨露. 基于主成分聚类分析的我国物联网产业发展潜力评价研究 [J] . 华东经济管理, 2012, 26 (1)：27-32.

　　[44] 张洪, 王先凤. 基于主成分与聚类分析的安徽省旅游目的地竞争力研究 [J] . 华东经济管理, 2013, 27 (12)：43-48.

　　[45] 王欣昱. 基于主成分聚类分析的低碳旅游景区评价方法 [J] . 统

计与决策，2013（11）：85-87.

［46］路子雁，郑君焱，孙泰森．基于主成分与聚类分析的城镇化水平区域差异研究——以山西省11个地级市为例［J］．山西师范大学学报（自然科学版），2015，29（1）：113-118.

［47］刘子昂，高彦平，刘新亮，等．基于主成分聚类分析的农产品物流评价［J］．江苏农业科学，2016，44（12）：553-556.

［48］汪磊，张觉文．基于主成分聚类分析的山东省土地生态安全评价及其影响因素分析［J］．江苏农业科学，2017，45（17）：246-250.

［49］张紫薇，李景富，姜景彬，等．番茄果实性状的主成分聚类分析及综合评价［J］．北方园艺，2018（11）：27-37.

［50］张枭．中国APP竞争力格局研究——基于"两微一端"百佳评选数据库主成分聚类分析［J］．宁夏社会科学，2018（5）：245-256.

［51］杨世军，顾光海．基于主成分聚类分析方法的城市公共服务设施承载力差异性评价［J］．数学的实践与认识，2019，49（11）：261-273.

［52］刘凯，戴慧敏，刘国栋，等．基于主成分聚类法的典型黑土区土壤地球化学分类［J］．物探与化探，2022，46（5）：1132-1140.

［53］李明月，任九泉．基于核主成分分析和加权聚类分析的综合评价方法［J］．统计与决策，2010（16）：158-160.

［54］张金萍，秦耀辰，张丽君，等．黄河下游沿岸县域经济发展的空间分异［J］．经济地理，2012，32（3）：16-21.

［55］王德青，朱建平，谢邦昌．主成分聚类分析有效性的思考［J］．统计研究，2012，29（11）：84-87.

［56］王德青，李凯风，周娇．主成分集成评价方法的问题探析与模型拓展［J］．统计与决策，2015（2）：4-8.

［57］王德青，刘晓葳，朱建平．基于自适应迭代更新的函数型数据聚类方法研究［J］．统计研究，2015，32（4）：91-96.

［58］王德青，朱建平，王洁丹．基于自适应权重的函数型数据聚类方法研究［J］．数理统计与管理，2015，34（1）：84-92.

［59］朱建平，王德青，方匡南．中国区域创新能力静态分析——基于自适应赋权主成分聚类模型［J］．数理统计与管理，2013，32（5）：761-768.

［60］王德青，朱建平．基于拓展聚类模型的区域创新能力层级划分研究［J］．经济经纬，2014，31（1）：8-13.

［61］白福臣，周景楠．基于主成分和聚类分析的区域海洋产业竞争力评价［J］．科技管理研究，2016，36（3）：41-44.

［62］李贤，徐常青，王明月，等．基于加权主成分聚类分析探究地方经济发展潜力［J］．苏州科技大学学报（自然科学版），2017，34（2）：28-32.

［63］万月，陈秀宏，何佳佳．基于加权密度的自适应谱聚类算法［J］．计算机工程与科学，2018，40（10）：1897-1901.

［64］李雄英，颜斌．稳健主成分聚类方法的构建及其比较研究［J］．数理统计与管理，2019，38（5）：849-857.

［65］薛盛炜，李川，李英娜．改进模糊聚类与主成分分析下的变压器故障识别［J］．河南科技大学学报（自然科学版），2020，41（6）：39-44.

［66］龚旭，吕佳．基于加权主成分分析和改进密度峰值聚类的协同训练算法［J］．重庆师范大学学报（自然科学版），2021，38（4）：87-96.

［67］王丙参，刘鹤飞，魏艳华．改进的传统距离聚类方法及应用［J］．统计与决策，2021，37（4）：64-68.

［68］王丙参，魏艳华，张贝贝．中国经济发展水平动态评价［J］．统计与决策，2022，38（6）：105-109.

［69］姜云卢，胡月，刘巧云，等．高维稳健主成分聚类方法及其应用研究［J］．数理统计与管理，2022，41（1）：1-10.

［70］Lance G N，Williams W T. A General Theory of Classificatory Sorting Strategies. 1. Hierarchical Systems［J］. The Computer Journal，1967，9（4）：373-380.

［71］Ward J H. Hierarchical Grouping to Optimize an Objective Function［J］. Journal of the American Statistical Association，1963（58）：236-244.

［72］Demirmen F. Mathematical Search Procedures in Facies Modeling in Sedimentary Rocks［M］. Mathematical Models of Sedimentary Processes. New York：Plenum Press，1972：81-114.

［73］傅德印．主成分分析中的统计检验问题［J］．统计教育，2007（9）：4-7.

［74］傅德印．因子分析统计检验体系的探讨［J］．统计研究，2007（6）：86-90.

［75］Kaiser H F，Rice J. Little jiffy，mark IV［J］. Educational and Psychological Measurement，1974，34（1）：111-117.

［76］Charytanowicz M，Niewczas J，Kulczycki P，et al. Complete Gradient Clustering Algorithm for Features Analysis of X-ray Images［M］// Piekka E，Kawa J. Information Technologies in Biomedicine. Heidelberg：Springer Berlin，2010.

［77］Fisher R A. The Use of Multiple Measurements in Taxonomic Problems［J］. Annual Eugenics，1936，7（2）：179-188.

[78] 何伟. 中国区域经济发展质量综合评价 [J]. 中南财经政法大学学报, 2013 (4): 49-56.

[79] 宋明顺, 张霞, 易荣华, 等. 经济发展质量评价体系研究及应用 [J]. 经济学家, 2015 (2): 35-43.

[80] 蔡跃洲, 王玉霞. 投资消费结构影响因素及合意投资消费区间——基于跨国数据的国际比较和实证分析 [J]. 经济理论与经济管理, 2010 (1): 24-30.

[81] 钱纳里, 塞尔昆. 发展的型式: 1950—1970 [M]. 李新华, 徐公理, 迟建平, 译. 北京: 经济科学出版社, 1988.

[82] 杨鞯鞯. 中国与创新型国家的创新能力比较分析 [J]. 创新与创业管理, 2014 (2): 128-147.

[83] 李平, 吕岩威, 王宏伟. 中国与创新型国家建设阶段及创新竞争力比较研究 [J]. 经济纵横, 2017 (8): 57-63.

附 录

附表 1　UCI 国际常用标准测试数据集小麦籽粒数据集原始指标数据

序号	面积	周长	紧凑度	内核长度	内核宽度	偏度系数	核槽长度
1	15.26	14.84	0.8710	5.763	3.312	2.221	5.220
2	14.88	14.57	0.8811	5.554	3.333	1.018	4.956
3	14.29	14.09	0.9050	5.291	3.337	2.699	4.825
4	13.84	13.94	0.8955	5.324	3.379	2.259	4.805
5	16.14	14.99	0.9034	5.658	3.562	1.355	5.175
6	14.38	14.21	0.8951	5.386	3.312	2.462	4.956
7	14.69	14.49	0.8799	5.563	3.259	3.586	5.219
8	14.11	14.10	0.8911	5.420	3.302	2.700	5.000
9	16.63	15.46	0.8747	6.053	3.465	2.040	5.877
10	16.44	15.25	0.8880	5.884	3.505	1.969	5.533
11	15.26	14.85	0.8696	5.714	3.242	4.543	5.314
12	14.03	14.16	0.8796	5.438	3.201	1.717	5.001
13	13.89	14.02	0.8880	5.439	3.199	3.986	4.738
14	13.78	14.06	0.8759	5.479	3.156	3.136	4.872
15	13.74	14.05	0.8744	5.482	3.114	2.932	4.825
16	14.59	14.28	0.8993	5.351	3.333	4.185	4.781
17	13.99	13.83	0.9183	5.119	3.383	5.234	4.781
18	15.69	14.75	0.9058	5.527	3.514	1.599	5.046
19	14.70	14.21	0.9153	5.205	3.466	1.767	4.649
20	12.72	13.57	0.8686	5.226	3.049	4.102	4.914
21	14.16	14.4	0.8584	5.658	3.129	3.072	5.176
22	14.11	14.26	0.8722	5.520	3.168	2.688	5.219
23	15.88	14.9	0.8988	5.618	3.507	0.7651	5.091

续表

序号	面积	周长	紧凑度	内核长度	内核宽度	偏度系数	核槽长度
24	12.08	13.23	0.8664	5.099	2.936	1.415	4.961
25	15.01	14.76	0.8657	5.789	3.245	1.791	5.001
26	16.19	15.16	0.8849	5.833	3.421	0.903	5.307
27	13.02	13.76	0.8641	5.395	3.026	3.373	4.825
28	12.74	13.67	0.8564	5.395	2.956	2.504	4.869
29	14.11	14.18	0.8820	5.541	3.221	2.754	5.038
30	13.45	14.02	0.8604	5.516	3.065	3.531	5.097
31	13.16	13.82	0.8662	5.454	2.975	0.8551	5.056
32	15.49	14.94	0.8724	5.757	3.371	3.412	5.228
33	14.09	14.41	0.8529	5.717	3.186	3.92	5.299
34	13.94	14.17	0.8728	5.585	3.150	2.124	5.012
35	15.05	14.68	0.8779	5.712	3.328	2.129	5.360
36	16.12	15.00	0.9000	5.709	3.485	2.27	5.443
37	16.20	15.27	0.8734	5.826	3.464	2.823	5.527
38	17.08	15.38	0.9079	5.832	3.683	2.956	5.484
39	14.80	14.52	0.8823	5.656	3.288	3.112	5.309
40	14.28	14.17	0.8944	5.397	3.298	6.685	5.001
41	13.54	13.85	0.8871	5.348	3.156	2.587	5.178
42	13.50	13.85	0.8852	5.351	3.158	2.249	5.176
43	13.16	13.55	0.9009	5.138	3.201	2.461	4.783
44	15.50	14.86	0.8820	5.877	3.396	4.711	5.528
45	15.11	14.54	0.8986	5.579	3.462	3.128	5.180
46	13.80	14.04	0.8794	5.376	3.155	1.560	4.961
47	15.36	14.76	0.8861	5.701	3.393	1.367	5.132
48	14.99	14.56	0.8883	5.570	3.377	2.958	5.175
49	14.79	14.52	0.8819	5.545	3.291	2.704	5.111

序号	面积	周长	紧凑度	内核长度	内核宽度	偏度系数	核槽长度
50	14.86	14.67	0.8676	5.678	3.258	2.129	5.351
51	14.43	14.40	0.8751	5.585	3.272	3.975	5.144
52	15.78	14.91	0.8923	5.674	3.434	5.593	5.136
53	14.49	14.61	0.8538	5.715	3.113	4.116	5.396
54	14.33	14.28	0.8831	5.504	3.199	3.328	5.224
55	14.52	14.60	0.8557	5.741	3.113	1.481	5.487
56	15.03	14.77	0.8658	5.702	3.212	1.933	5.439
57	14.46	14.35	0.8818	5.388	3.377	2.802	5.044
58	14.92	14.43	0.9006	5.384	3.412	1.142	5.088
59	15.38	14.77	0.8857	5.662	3.419	1.999	5.222
60	12.11	13.47	0.8392	5.159	3.032	1.502	4.519
61	11.42	12.86	0.8683	5.008	2.850	2.700	4.607
62	11.23	12.63	0.8840	4.902	2.879	2.269	4.703
63	12.36	13.19	0.8923	5.076	3.042	3.220	4.605
64	13.22	13.84	0.8680	5.395	3.070	4.157	5.088
65	12.78	13.57	0.8716	5.262	3.026	1.176	4.782
66	12.88	13.50	0.8879	5.139	3.119	2.352	4.607
67	14.34	14.37	0.8726	5.630	3.190	1.313	5.150
68	14.01	14.29	0.8625	5.609	3.158	2.217	5.132
69	14.37	14.39	0.8726	5.569	3.153	1.464	5.300
70	12.73	13.75	0.8458	5.412	2.882	3.533	5.067
71	17.63	15.98	0.8673	6.191	3.561	4.076	6.06
72	16.84	15.67	0.8623	5.998	3.484	4.675	5.877
73	17.26	15.73	0.8763	5.978	3.594	4.539	5.791
74	19.11	16.26	0.9081	6.154	3.930	2.936	6.079
75	16.82	15.51	0.8786	6.017	3.486	4.004	5.841

序号	面积	周长	紧凑度	内核长度	内核宽度	偏度系数	核槽长度
76	16.77	15.62	0.8638	5.927	3.438	4.920	5.795
77	17.32	15.91	0.8599	6.064	3.403	3.824	5.922
78	20.71	17.23	0.8763	6.579	3.814	4.451	6.451
79	18.94	16.49	0.875	6.445	3.639	5.064	6.362
80	17.12	15.55	0.8892	5.850	3.566	2.858	5.746
81	16.53	15.34	0.8823	5.875	3.467	5.532	5.880
82	18.72	16.19	0.8977	6.006	3.857	5.324	5.879
83	20.20	16.89	0.8894	6.285	3.864	5.173	6.187
84	19.57	16.74	0.8779	6.384	3.772	1.472	6.273
85	19.51	16.71	0.8780	6.366	3.801	2.962	6.185
86	18.27	16.09	0.8870	6.173	3.651	2.443	6.197
87	18.88	16.26	0.8969	6.084	3.764	1.649	6.109
88	18.98	16.66	0.8590	6.549	3.670	3.691	6.498
89	21.18	17.21	0.8989	6.573	4.033	5.780	6.231
90	20.88	17.05	0.9031	6.450	4.032	5.016	6.321
91	20.10	16.99	0.8746	6.581	3.785	1.955	6.449
92	18.76	16.20	0.8984	6.172	3.796	3.120	6.053
93	18.81	16.29	0.8906	6.272	3.693	3.237	6.053
94	18.59	16.05	0.9066	6.037	3.860	6.001	5.877
95	18.36	16.52	0.8452	6.666	3.485	4.933	6.448
96	16.87	15.65	0.8648	6.139	3.463	3.696	5.967
97	19.31	16.59	0.8815	6.341	3.810	3.477	6.238
98	18.98	16.57	0.8687	6.449	3.552	2.144	6.453
99	18.17	16.26	0.8637	6.271	3.512	2.853	6.273
100	18.72	16.34	0.881	6.219	3.684	2.188	6.097
101	16.41	15.25	0.8866	5.718	3.525	4.217	5.618

序号	面积	周长	紧凑度	内核长度	内核宽度	偏度系数	核槽长度
102	17.99	15.86	0.8992	5.890	3.694	2.068	5.837
103	19.46	16.50	0.8985	6.113	3.892	4.308	6.009
104	19.18	16.63	0.8717	6.369	3.681	3.357	6.229
105	18.95	16.42	0.8829	6.248	3.755	3.368	6.148
106	18.83	16.29	0.8917	6.037	3.786	2.553	5.879
107	18.85	16.17	0.9056	6.152	3.806	2.843	6.200
108	17.63	15.86	0.8800	6.033	3.573	3.747	5.929
109	19.94	16.92	0.8752	6.675	3.763	3.252	6.550
110	18.55	16.22	0.8865	6.153	3.674	1.738	5.894
111	18.45	16.12	0.8921	6.107	3.769	2.235	5.794
112	19.38	16.72	0.8716	6.303	3.791	3.678	5.965
113	19.13	16.31	0.9035	6.183	3.902	2.109	5.924
114	19.14	16.61	0.8722	6.259	3.737	6.682	6.053
115	20.97	17.25	0.8859	6.563	3.991	4.677	6.316
116	19.06	16.45	0.8854	6.416	3.719	2.248	6.163
117	18.96	16.20	0.9077	6.051	3.897	4.334	5.750
118	19.15	16.45	0.8890	6.245	3.815	3.084	6.185
119	18.89	16.23	0.9008	6.227	3.769	3.639	5.966
120	20.03	16.90	0.8811	6.493	3.857	3.063	6.320
121	20.24	16.91	0.8897	6.315	3.962	5.901	6.188
122	18.14	16.12	0.8772	6.059	3.563	3.619	6.011
123	16.17	15.38	0.8588	5.762	3.387	4.286	5.703
124	18.43	15.97	0.9077	5.980	3.771	2.984	5.905
125	15.99	14.89	0.9064	5.363	3.582	3.336	5.144
126	18.75	16.18	0.8999	6.111	3.869	4.188	5.992
127	18.65	16.41	0.8698	6.285	3.594	4.391	6.102

续表

序号	面积	周长	紧凑度	内核长度	内核宽度	偏度系数	核槽长度
128	17.98	15.85	0.8993	5.979	3.687	2.257	5.919
129	20.16	17.03	0.8735	6.513	3.773	1.910	6.185
130	17.55	15.66	0.8991	5.791	3.690	5.366	5.661
131	18.30	15.89	0.9108	5.979	3.755	2.837	5.962
132	18.94	16.32	0.8942	6.144	3.825	2.908	5.949
133	15.38	14.90	0.8706	5.884	3.268	4.462	5.795
134	16.16	15.33	0.8644	5.845	3.395	4.266	5.795
135	15.56	14.89	0.8823	5.776	3.408	4.972	5.847
136	15.38	14.66	0.899	5.477	3.465	3.600	5.439
137	17.36	15.76	0.8785	6.145	3.574	3.526	5.971
138	15.57	15.15	0.8527	5.920	3.231	2.640	5.879
139	15.60	15.11	0.8580	5.832	3.286	2.725	5.752
140	16.23	15.18	0.8850	5.872	3.472	3.769	5.922
141	13.07	13.92	0.8480	5.472	2.994	5.304	5.395
142	13.32	13.94	0.8613	5.541	3.073	7.035	5.440
143	13.34	13.95	0.8620	5.389	3.074	5.995	5.307
144	12.22	13.32	0.8652	5.224	2.967	5.469	5.221
145	11.82	13.40	0.8274	5.314	2.777	4.471	5.178
146	11.21	13.13	0.8167	5.279	2.687	6.169	5.275
147	11.43	13.13	0.8335	5.176	2.719	2.221	5.132
148	12.49	13.46	0.8658	5.267	2.967	4.421	5.002
149	12.70	13.71	0.8491	5.386	2.911	3.260	5.316
150	10.79	12.93	0.8107	5.317	2.648	5.462	5.194
151	11.83	13.23	0.8496	5.263	2.840	5.195	5.307
152	12.01	13.52	0.8249	5.405	2.776	6.992	5.270
153	12.26	13.60	0.8333	5.408	2.833	4.756	5.360

序号	面积	周长	紧凑度	内核长度	内核宽度	偏度系数	核槽长度
154	11.18	13.04	0.8266	5.220	2.693	3.332	5.001
155	11.36	13.05	0.8382	5.175	2.755	4.048	5.263
156	11.19	13.05	0.8253	5.250	2.675	5.813	5.219
157	11.34	12.87	0.8596	5.053	2.849	3.347	5.003
158	12.13	13.73	0.8081	5.394	2.745	4.825	5.220
159	11.75	13.52	0.8082	5.444	2.678	4.378	5.310
160	11.49	13.22	0.8263	5.304	2.695	5.388	5.310
161	12.54	13.67	0.8425	5.451	2.879	3.082	5.491
162	12.02	13.33	0.8503	5.350	2.810	4.271	5.308
163	12.05	13.41	0.8416	5.267	2.847	4.988	5.046
164	12.55	13.57	0.8558	5.333	2.968	4.419	5.176
165	11.14	12.79	0.8558	5.011	2.794	6.388	5.049
166	12.10	13.15	0.8793	5.105	2.941	2.201	5.056
167	12.44	13.59	0.8462	5.319	2.897	4.924	5.270
168	12.15	13.45	0.8443	5.417	2.837	3.638	5.338
169	11.35	13.12	0.8291	5.176	2.668	4.337	5.132
170	11.24	13.00	0.8359	5.090	2.715	3.521	5.088
171	11.02	13.00	0.8189	5.325	2.701	6.735	5.163
172	11.55	13.10	0.8455	5.167	2.845	6.715	4.956
173	11.27	12.97	0.8419	5.088	2.763	4.309	5.000
174	11.40	13.08	0.8375	5.136	2.763	5.588	5.089
175	10.83	12.96	0.8099	5.278	2.641	5.182	5.185
176	10.80	12.57	0.8590	4.981	2.821	4.773	5.063
177	11.26	13.01	0.8355	5.186	2.710	5.335	5.092
178	10.74	12.73	0.8329	5.145	2.642	4.702	4.963
179	11.48	13.05	0.8473	5.180	2.758	5.876	5.002

加权主成分距离聚类分析方法的设计及应用

续表

序号	面积	周长	紧凑度	内核长度	内核宽度	偏度系数	核槽长度
180	12.21	13.47	0.8453	5.357	2.893	1.661	5.178
181	11.41	12.95	0.8560	5.090	2.775	4.957	4.825
182	12.46	13.41	0.8706	5.236	3.017	4.987	5.147
183	12.19	13.36	0.8579	5.240	2.909	4.857	5.158
184	11.65	13.07	0.8575	5.108	2.850	5.209	5.135
185	12.89	13.77	0.8541	5.495	3.026	6.185	5.316
186	11.56	13.31	0.8198	5.363	2.683	4.062	5.182
187	11.81	13.45	0.8198	5.413	2.716	4.898	5.352
188	10.91	12.80	0.8372	5.088	2.675	4.179	4.956
189	11.23	12.82	0.8594	5.089	2.821	7.524	4.957
190	10.59	12.41	0.8648	4.899	2.787	4.975	4.794
191	10.93	12.80	0.8390	5.046	2.717	5.398	5.045
192	11.27	12.86	0.8563	5.091	2.804	3.985	5.001
193	11.87	13.02	0.8795	5.132	2.953	3.597	5.132
194	10.82	12.83	0.8256	5.180	2.630	4.853	5.089
195	12.11	13.27	0.8639	5.236	2.975	4.132	5.012
196	12.80	13.47	0.8860	5.160	3.126	4.873	4.914
197	12.79	13.53	0.8786	5.224	3.054	5.483	4.958
198	13.37	13.78	0.8849	5.320	3.128	4.670	5.091
199	12.62	13.67	0.8481	5.410	2.911	3.306	5.231
200	12.76	13.38	0.8964	5.073	3.155	2.828	4.830
201	12.38	13.44	0.8609	5.219	2.989	5.472	5.045
202	12.67	13.32	0.8977	4.984	3.135	2.300	4.745
203	11.18	12.72	0.8680	5.009	2.810	4.051	4.828
204	12.70	13.41	0.8874	5.183	3.091	8.456	5.000
205	12.37	13.47	0.8567	5.204	2.960	3.919	5.001

序号	面积	周长	紧凑度	内核长度	内核宽度	偏度系数	核槽长度
206	12.19	13.20	0.8783	5.137	2.981	3.631	4.870
207	11.23	12.88	0.8511	5.140	2.795	4.325	5.003
208	13.20	13.66	0.8883	5.236	3.232	8.315	5.056
209	11.84	13.21	0.8521	5.175	2.836	3.598	5.044
210	12.30	13.34	0.8684	5.243	2.974	5.637	5.063

附表 2　UCI 国际常用标准测试数据集鸢尾花卉数据集原始指标数据

序号	萼片长度	萼片宽度	花瓣长度	花瓣宽度
1	5.1	3.5	1.4	0.2
2	4.9	3.0	1.4	0.2
3	4.7	3.2	1.3	0.2
4	4.6	3.1	1.5	0.2
5	5.0	3.6	1.4	0.2
6	5.4	3.9	1.7	0.4
7	4.6	3.4	1.4	0.3
8	5.0	3.4	1.5	0.2
9	4.4	2.9	1.4	0.2
10	4.9	3.1	1.5	0.1
11	5.4	3.7	1.5	0.2
12	4.8	3.4	1.6	0.2
13	4.8	3.0	1.4	0.1
14	4.3	3.0	1.1	0.1
15	5.8	4.0	1.2	0.2
16	5.7	4.4	1.5	0.4
17	5.4	3.9	1.3	0.4
18	5.1	3.5	1.4	0.3

序号	萼片长度	萼片宽度	花瓣长度	花瓣宽度
19	5.7	3.8	1.7	0.3
20	5.1	3.8	1.5	0.3
21	5.4	3.4	1.7	0.2
22	5.1	3.7	1.5	0.4
23	4.6	3.6	1.0	0.2
24	5.1	3.3	1.7	0.5
25	4.8	3.4	1.9	0.2
26	5.0	3.0	1.6	0.2
27	5.0	3.4	1.6	0.4
28	5.2	3.5	1.5	0.2
29	5.2	3.4	1.4	0.2
30	4.7	3.2	1.6	0.2
31	4.8	3.1	1.6	0.2
32	5.4	3.4	1.5	0.4
33	5.2	4.1	1.5	0.1
34	5.5	4.2	1.4	0.2
35	4.9	3.1	1.5	0.2
36	5.0	3.2	1.2	0.2
37	5.5	3.5	1.3	0.2
38	4.9	3.6	1.4	0.1
39	4.4	3.0	1.3	0.2
40	5.1	3.4	1.5	0.2
41	5.0	3.5	1.3	0.3
42	4.5	2.3	1.3	0.3
43	4.4	3.2	1.3	0.2
44	5.0	3.5	1.6	0.6
45	5.1	3.8	1.9	0.4

序号	萼片长度	萼片宽度	花瓣长度	花瓣宽度
46	4.8	3.0	1.4	0.3
47	5.1	3.8	1.6	0.2
48	4.6	3.2	1.4	0.2
49	5.3	3.7	1.5	0.2
50	5.0	3.3	1.4	0.2
51	7.0	3.2	4.7	1.4
52	6.4	3.2	4.5	1.5
53	6.9	3.1	4.9	1.5
54	5.5	2.3	4.0	1.3
55	6.5	2.8	4.6	1.5
56	5.7	2.8	4.5	1.3
57	6.3	3.3	4.7	1.6
58	4.9	2.4	3.3	1.0
59	6.6	2.9	4.6	1.3
60	5.2	2.7	3.9	1.4
61	5.0	2.0	3.5	1.0
62	5.9	3.0	4.2	1.5
63	6.0	2.2	4.0	1.0
64	6.1	2.9	4.7	1.4
65	5.6	2.9	3.6	1.3
66	6.7	3.1	4.4	1.4
67	5.6	3.0	4.5	1.5
68	5.8	2.7	4.1	1.0
69	6.2	2.2	4.5	1.5
70	5.6	2.5	3.9	1.1
71	5.9	3.2	4.8	1.8
72	6.1	2.8	4.0	1.3

序号	萼片长度	萼片宽度	花瓣长度	花瓣宽度
73	6.3	2.5	4.9	1.5
74	6.1	2.8	4.7	1.2
75	6.4	2.9	4.3	1.3
76	6.6	3.0	4.4	1.4
77	6.8	2.8	4.8	1.4
78	6.7	3.0	5.0	1.7
79	6.0	2.9	4.5	1.5
80	5.7	2.6	3.5	1.0
81	5.5	2.4	3.8	1.1
82	5.5	2.4	3.7	1.0
83	5.8	2.7	3.9	1.2
84	6.0	2.7	5.1	1.6
85	5.4	3.0	4.5	1.5
86	6.0	3.4	4.5	1.6
87	6.7	3.1	4.7	1.5
88	6.3	2.3	4.4	1.3
89	5.6	3.0	4.1	1.3
90	5.5	2.5	4.0	1.3
91	5.5	2.6	4.4	1.2
92	6.1	3.0	4.6	1.4
93	5.8	2.6	4.0	1.2
94	5.0	2.3	3.3	1.0
95	5.6	2.7	4.2	1.3
96	5.7	3.0	4.2	1.2
97	5.7	2.9	4.2	1.3
98	6.2	2.9	4.3	1.3
99	5.1	2.5	3.0	1.1

序号	萼片长度	萼片宽度	花瓣长度	花瓣宽度
100	5.7	2.8	4.1	1.3
101	6.3	3.3	6.0	2.5
102	5.8	2.7	5.1	1.9
103	7.1	3.0	5.9	2.1
104	6.3	2.9	5.6	1.8
105	6.5	3.0	5.8	2.2
106	7.6	3.0	6.6	2.1
107	4.9	2.5	4.5	1.7
108	7.3	2.9	6.3	1.8
109	6.7	2.5	5.8	1.8
110	7.2	3.6	6.1	2.5
111	6.5	3.2	5.1	2.0
112	6.4	2.7	5.3	1.9
113	6.8	3.0	5.5	2.1
114	5.7	2.5	5.0	2.0
115	5.8	2.8	5.1	2.4
116	6.4	3.2	5.3	2.3
117	6.5	3.0	5.5	1.8
118	7.7	3.8	6.7	2.2
119	7.7	2.6	6.9	2.3
120	6.0	2.2	5.0	1.5
121	6.9	3.2	5.7	2.3
122	5.6	2.8	4.9	2.0
123	7.7	2.8	6.7	2.0
124	6.3	2.7	4.9	1.8
125	6.7	3.3	5.7	2.1
126	7.2	3.2	6.0	1.8

序号	萼片长度	萼片宽度	花瓣长度	花瓣宽度
127	6.2	2.8	4.8	1.8
128	6.1	3.0	4.9	1.8
129	6.4	2.8	5.6	2.1
130	7.2	3.0	5.8	1.6
131	7.4	2.8	6.1	1.9
132	7.9	3.8	6.4	2.0
133	6.4	2.8	5.6	2.2
134	6.3	2.8	5.1	1.5
135	6.1	2.6	5.6	1.4
136	7.7	3.0	6.1	2.3
137	6.3	3.4	5.6	2.4
138	6.4	3.1	5.5	1.8
139	6.0	3.0	4.8	1.8
140	6.9	3.1	5.4	2.1
141	6.7	3.1	5.6	2.4
142	6.9	3.1	5.1	2.3
143	5.8	2.7	5.1	1.9
144	6.8	3.2	5.9	2.3
145	6.7	3.3	5.7	2.5
146	6.7	3.0	5.2	2.3
147	6.3	2.5	5.0	1.9
148	6.5	3.0	5.2	2.0
149	6.2	3.4	5.4	2.3
150	5.9	3.0	5.1	1.8